妆容与形象设计

高等学校
艺术设计
专业教材

项化质　主编

Makeup and Image Design

 化学工业出版社

·北京·

内容简介

《妆容与形象设计》是一本全面讲解妆容与形象设计基础知识的书籍,用理论与实践相结合的方式对妆容形象进行诠释。书中以图文并茂的形式展开,配有教学视频的二维码,便于读者学习。全书共六章,包括妆容形象设计概述、妆容形象基础知识、妆容形象设计基本技法、生活妆容形象设计、艺术妆容形象设计、形象设计的类型。每章都配有经典案例解析和相关图例分析。

《妆容与形象设计》可作为本科、高职高专等院校传媒影视制作、摄影、服装类、音乐类、戏剧类、表演类、人物形象设计等专业师生的教材。《妆容与形象设计》还适合零基础、想快速提高化妆造型水平的读者阅读,能够帮助从未接触过妆容形象设计的读者快速上手;同时本书也可作为形象造型师的参考用书和形象造型培训机构的培训教材。

图书在版编目(CIP)数据

妆容与形象设计 / 项化质主编. —北京:化学工业出版社,
2021.7(2024.11重印)
高等学校艺术设计专业教材
ISBN 978-7-122-39268-8

Ⅰ.①妆… Ⅱ.①项… Ⅲ.①化妆-高等学校-教材②个人-形象-设计-高等学校-教材 Ⅳ.①TS974.12②B834.3

中国版本图书馆CIP数据核字(2021)第105843号

责任编辑:尤彩霞 装帧设计:史利平
责任校对:刘 颖

出版发行:化学工业出版社(北京市东城区青年湖南街13号 邮政编码100011)
印 装:北京建宏印刷有限公司
787mm×1092mm 1/16 印张7 字数136千字 2024年11月北京第1版第3次印刷

购书咨询:010-64518888 售后服务:010-64518899
网 址:http://www.cip.com.cn
凡购买本书,如有缺损质量问题,本社销售中心负责调换。

定 价:59.00元

《妆容与形象设计》
编写人员名单

主　　编　　项化质　湖北商贸学院

参编人员

何路瑶　湖北商贸学院

汪　帆　江汉大学

张添林　云南大学

刘　静　湖北商贸学院

前言

　　形象设计起源很早，可以说有了人类文明，就产生了形象设计。进入信仰时代，图腾的诞生促使妆容形象设计的发展。妆容形象设计随人类精神和物质需求而发展，是物质与精神相结合的产物。进入到商品社会后，竞争除了促使商品本身物质属性以外的形象发生变化外，也促使了对人的形象由内到外的塑造，于是妆容形象设计有了更多的需求。

　　妆容形象设计是一门综合的表现形式艺术，主要表现在妆容、发型、服饰及仪态等方面，具有知识的多学科性和多技能的专业性，又因个人的形象千差万别，受个人的生理性和社会性的差异以及环境的变化等条件所制约，这些因素就决定了妆容形象设计要把生理性和社会性相结合，把握动态的多样性原则和一般美学原则。生理性表现在人的自然本色，要扬长避短，做到形象要合体；社会性表现在人的社会活动范围，做好角色变换，个人形象要合适；动态性表现在环境的变化，形象要与环境相和谐。

　　个人形象设计借助形式美和情感美来实现，形式美的基本原理和法则是对自然美加以分析、协调、利用，它也是形态化的反映，从本质上就是变化和统一的协调，同时贯穿发型、服饰、妆容造型众多艺术形式之中的法则，主要有色彩、造型、比例节奏等，统一和协调是形象设计的灵魂，没有统一和协调是不可能让形象生动起来的，要想让个人形象生动起来，就要做到形象的由内到外的统一和协调，如果脱离形式美和仪态美，都不是真正意义上的妆容与形象设计。

　　随着经济的繁荣，社会的进步，人们对个人形象设计的审美也随之发生变化，对形象设计要求将呈现多元化，形象设计既抽象又具体，需要我们学习相关理论和掌握实操技能。妆容形象设计是一门技术，同时也是一门艺术，是一门综合学科，需要提高自身文化、艺术修养。《妆容与形象设计》从妆容形象设计整体的特点，引入概念，诠释妆容形象设计的步骤、色彩、造型、化妆过程、服饰搭配及仪态美学等内容，在知识上力求概念清晰明确、简明扼要，结构层次脉络清晰，对艺术形象设计起着从基础到专业过渡、从理论到实践承前启后的桥梁作用。

编　者

2021年5月

目录

01

第一章
妆容形象概述

学习难度：二级

重点概念：妆容概念、
　　　　　起源说、
　　　　　发展史

◈ 图1-1　时尚创意妆容

● 章节导读

美国赫洛克在《服装心理学——时装及其动机分析》中记载："在许多原始部落，妇女习惯于妆饰，但不穿衣服，据说只有妓女才穿衣服。在萨利拉斯人中间，更加符合事实。"这充分印证了妆容在原始人心中的地位高于服装。今天生活在世界各地的人们都在广泛地妆饰着自己的容颜，妆容形象所起到的作用是不容置疑的，它是人类社会重要的生活组成部分之一。妆容形象不是孤立存在的，不可避免地受到社会环境、习俗、风格、审美等诸多因素的影响，经过不断的演变和完善，才形成了今天丰富多样的妆容形象。在诸多场合，人们所追求的内在精神与外表上的完美，是借助妆容形象得以完成的。每个人都可以按照自己的兴趣爱好来修饰装扮自己，在不同的环境场合中，选用合适的妆容能起到很好的修饰点缀作用（图1-1）。

● 本章课程思政教学点：

教学内容	思政元素	育人成效
妆容形象起源	传统文化	艺术教育是美的教育，艺术教育与思想政治教育一体化探索的第一个维度，是对学生进行审美素养的培养和教导，这是艺术教育的基础。中国自古就被称为"衣冠上国、礼仪之邦"，而"衣冠"便成了文明的代名词。将古代服饰文化进行拓展，激发学生对传统文化的深度理解
妆容形象发展史	文化自信	"夏，大也。中国有礼仪之大，故称夏；有服章之美，谓之华。"（《春秋左传正义》）从礼仪文化中提升对中国历史服饰内涵的理解，树立文化自信

第一节　妆容概念

妆容一词字面理解分两种，一为打扮妆饰，二为神态。通过人体某种装扮修饰形成外在形态表现，妆和容分开来可以通过妆饰凸显人体神态、状态或者是景象、效果。妆容有面部和整体装饰之分，不同类型的妆容有不同的目的和要求，因而有着不同的技术处理手段，依据不同应用场景分为生活妆容和艺术妆容。

1.生活妆容

生活妆容要求匀称、协调，整体面部是有条不紊的协调，局部五官凸显均衡匀称的关系。由此，妆容针对各个部位问题加以修饰得以改善，使个人形象看起来更具魅力。女性美丽的形式是多种多样的，每一种形式都体现出特定的个性与气质。随着社会信息的快速发展，每个人都应该学会画一些日常的生活妆，一个成功的生活妆可以遮盖或掩饰未化妆前的一些皮肤问题，也可以让人看起来精神更加饱满（图1-2）。

图1-2　生活妆容

2.艺术妆容

艺术妆容指在化妆的过程中把更多的外界元素渗入到面部妆容上形成一定的视觉效果，从而达到一种创新的化妆概念与审美的体现。"一个伟大的创意是审美与智慧结合，一个伟大的创意能改变我们的语言，使默默无名的品牌一夜之间闻名全球"，现代创意学者大卫·奥格威这样评价创意的重要性。在艺术妆容设计中，好的创意无疑占有举足轻重的作用，巧妙地将科技与文化、外表与内涵、理性与感性以及有形与无形结合起来，在艺术妆容中恰当地运用创意思维是学习者的核心技能之一，艺术妆容形象的最大价值也正体现在创意思维在化妆中的运用。因此，艺术妆容形象设计效果是功能、审美、艺术及文化等诸多内容的结合体（图1-3），创意思维的培养和运用对化妆水平和层次的提升起着至关重要的作用。同时妆容形象与时代背景、地域条件、文化艺术和科学技术等综合因素息息相关，且伴随妆容技艺的迅速发展，时代对妆容形象的要求也越来越高，并会伴随出现一种由手工技术向文化艺术方向发展的新价值取向。因此对学习者的创意思维培养也变得越发重要，学习者掌握了创意思维并在操作中得到发挥，才能形成最终的艺术妆容作品。

图1-3　艺术妆容

第二节　妆容形象起源

爱美之心，人皆有之。自人类文明以来，人类就有对美化自身的追求，在原始社会，一些部落在祭祀活动时，会把动物油脂涂抹在皮肤上，使自己的肤色看起来健康而有光泽，这可以说是最早的护肤行为。由此可见，妆容的历史可以推算到自人类的存在开始。妆容形象的起源是民族文化、艺术起源的一部分，与人类劳动生活和文明的发展是不可分开的，它反映出文化艺术与社会经济、精神生活之间的密切关系（图1-4）。妆容形象起源一般来说有以下几个学说。

● 图1-4 部落活动妆容

● 图1-5 部落男性妆容

1. 生存

为了生存而产生妆容形象，关于这一点，学术界有许多说法。比如：驱虫说，即在脸上和身上涂抹颜料或泥浆，是为防止蚊虫叮咬；狩猎说，即原始人在脸上、身上画兽皮花纹，在头上插上羽毛或戴鹿角以伪装人体，是为了更有效地猎获动物；巫术说，即原始人把某种动物或植物作为本族的图腾加以佩戴或装扮，寓意得到神灵保护。对于原始人来说，重要的不是他们的妆饰按照我们现代的标准看起来美不美，而是它能不能发挥一定的替代作用。

2. 繁衍

在文明社会里，从事妆容打扮的以女人为多，但在原始社会，却是男人多从事妆容打扮。原始人类中从事妆容打扮的，一般雄性多于雌性，例如为了在异性面前展现自己的魅力而开始装扮身体（图1-5）。男女之间的爱情，不管是在古代还是在现代都促进了社会发展。

3. 图腾崇拜

原始人认为图腾能够保护部落成员的安全，具有神秘的力量，因此部落里的所有成员都必须加以图腾的崇拜。在部落里，从身体到面部运用图腾加以妆饰自己，以区别不同部落。例如，中国古代社会流行佩戴古玉，古人认为古玉能够护佑人生，驱疫辟邪；在美洲的印第安人则以佩戴羽毛来表示身份、等级、勇气、权利；在南美洲某些地区，赤身裸体的人们用手脚佩戴镯子来装饰自己，认为镯子具有神的力量。

4. 身份

古代社会的族群大都以平和、友善、共同生活为特征，他们猎获的食物与大家一起分享，按照不同等级身份进行分配，在妆容形象上也是如此。妆容在早些时期作为身份权利的象征，首领的面部妆容有一定的样式和形制，通过服装与妆容来体现尊卑等级，这种形式和观念一直延续下来，流传至今，现代在许多民族和地区还能寻到它的踪影。为表示地位或阶级、性别或未婚和已婚等，古代社会以集体或个人的形式进行妆容的表达（图1-6）。

5. 妆饰

妆容形象的主要妆饰因素与人的需求有关，它离不开审美的需要。在人类进程的装扮中，进行面部上的装扮多于衣物的现象极为普遍，尤其在一些少数部落族群里，人们将重点放置在脸上，他们几乎将所能收集到的一切饰物都佩戴在自己身上（图1-5）。人类充分利用自然界的花草、贝壳、石头等来美化自己，达到审美的功效。

> 图1-6　古代妆容

第三节　妆容形象设计的作用

数字媒体时代，信息更替快，传播方式广，为人们接触美、感悟美、追求美提供了有利的条件。当今人们追求的美，是和谐的美、健康的美，把美深入到人们生活和社会需求的方方面面。妆容形象设计的目的主要体现在以下三个方面。

1. 修饰容貌

妆容设计的根本目的是为了美化修饰容貌，美丽的容貌能让人们的工作生活更加愉悦。通过妆容设计，可调整面部皮肤的色泽，改善皮肤的质感。如通过妆容设计，黑黄色皮肤可显得光洁白皙；苍白的皮肤可显得红润健康；粗糙的皮肤可显得细腻光滑。通过妆容设计，还可使面部五官更生动传神，如眼睛通过描绘睫毛和眼影等修饰，显得明亮而富有神韵；嘴唇通过涂口红显得红润而饱满，眉毛通过修饰显得整齐而生动（图1-7）。

> 图1-7　眼和脸部的创意妆容

◎ 图1-8　职场妆容

◎ 图1-9　杂志妆容

2.增强自信

我们经常听到这样的话，"自信的人才美"，可见美本身就包含着自信的因素。随着社会交往的日益频繁，妆容形象设计的作用显得越来越重要。在职场商务活动中，一个人的衣着打扮代表了所在公司或企业的形象，合体的衣着打扮与容貌修饰会给公司或企业带来更多的商机，同时给自己树立了良好的形象和信心（图1-8）；反之，衣着不整、容貌不洁的疏忽会使对方对个人所在的公司或企业失去信任，甚至给企业带来不必要的损失；在日常生活中或逢喜庆佳节，惊喜装扮会使人加倍自信，会为生活和节日增添更多幸福愉快的气氛，所以适度的妆容形象能使人更加自信。

3.弥补缺憾

完美无瑕的容貌不是每个人都可以拥有的，通过后天的修饰可弥补先天的不足，使自己更加完美、漂亮，也是每个人所追求与渴望的。妆容形象设计便是实现这一愿望的重要手段之一，通过运用色彩明暗和色调对比关系造成人的视错觉，从而达到弥补个人外在形象不足的目的（图1-9）。

第四节　妆容形象发展简史

在强调女性"大门不出，二门不迈"的古代社会，"女为悦己者容"无疑是女性最大的乐趣及关注所在，加上古代女性社会地位低下及在经济上对男性的依附，这种情况下，女性若想要拥有较多优势，容貌之美是最基本的条件之一。

一、中国妆容简史

1.原始时期

早在原始时期，人类就开始用一些天然的物品来装饰自己，使自己变得更加美丽。考古学家曾在原始人类的遗址上发现用小石子、贝壳或兽牙等物制作而成的美丽串珠，用于身体妆容；在洞穴壁画上发现了妆容的痕迹（图1-10）。原始社会"绘身"是我国最初的妆容，它是用矿物、植物或其他颜料在人身体上绘成有特色形式的图案，在人体的前胸、后背、两臂和面部画出各种图案和记号，并涂上颜色。伴随着生产力的不断提高和人类文明程度的推进，人们逐渐认识到用利器刺破皮肤的"绘身"来美化自身是一种残忍和野蛮的修饰手段。新石器末期面部妆容修饰诞生，人们发现了天然矿物质可以装扮身体并取缔了利器"绘身"，面部妆容开始受到重视，为以后的妆容发展奠定了基础。

2.夏商周时期

在《楚辞》中有这样的记载，"朱唇皓齿，嫭以姱只""嫭目宜笑，娥眉曼只"，这是对舞女的唇色、眉色、眉形、面色及发色等的描绘。在《诗经》中有"螓首娥眉"的描述，可见娥眉是当时非常流行的眉妆容，这种眉是用墨

> 图1-10　原始时期壁画记载

黛勾勒出来的，至今中外女子画眉依然采用这种描法。据说画眉之风起于春秋战国时期，在还没有特定的画眉材料之前，妇女用柳枝烧焦后涂在眉毛上（图1-11）。在面妆上，则以"粉白"为美，许慎《说文解字》中"粉，敷面者也。从米分声"，指出当时的粉是用米做的，用之敷面，他对粉的这种解释，应该是有其所见事实根据的。且汉代以前的文学作品中，都只言粉，而未言铅粉，可见当时尚未有铅粉问世，所以汉代以前的古人多是用米粉敷面的。米粉是将米做成粉末，涂抹面部及身体裸露部分，使皮肤看起来更洁白细腻；还可将米粉染成粉红色，涂抹面部，增加皮肤红润感。最古老的妆粉有两种成分，一种是以米粉研碎制成，古粉字"从米从分"；另一种是将白铅融化成糊状的面脂，俗称"胡粉"，它是化铅而成，所以也有称"铅粉"。

除了粉与黛之外，周代的妆容里还有胭脂。脂就是动物体内或油料植物种子内的油脂。脂有唇脂和面脂之分，古时有一种名叫"红蓝"的花朵，它的花瓣中含有红、黄两种色素，花开之时被整朵摘下，然后放在石钵中反复杵捶，淘去黄汁后，即成鲜艳的红色染料。妇女妆面的胭脂有两种，一种是以丝绵蘸红蓝花汁而成，名

● 图1-11 夏商周时期妆容

● 图1-12 秦汉时期妆容

为"绵燕支";另一种是加工成小而薄的花片,名叫"金花燕支"。这两种胭脂都可经过阴干处理,使用时只要蘸少量清水即可涂抹。到了南北朝时期,人们在这种红色颜料中又加入了牛髓、猪胰等物,使其成为一种稠密润滑的脂膏,由此,燕支被写成"胭脂",脂有了真正的意义(图1-11)。

3.秦汉时期

秦朝在历史上很短,并且实行法家酷刑,把功利与专制主义结合起来,因此,当时的妇女对于妆容大多是无暇顾及的,唯有宫中的女子,生活优越,才有化妆的可能。在《事物纪原》中的"秦始皇宫中,悉红妆翠眉,此妆之始也"一句,表明当时的妆容是以浓妆艳抹为美(图1-12)。在秦汉时期,还有爽身之粉,通常被制成粉末,加以香料,沐浴后涂抹于身,有清凉之效,多用于夏季。汉桓帝时,大将军梁冀的妻子孙寿便是以擅长打扮闻名,她的仪容装饰新奇妩媚,使得当时的妇女争相模仿。那时的妆容,已经出现了不同的样式,而化妆品也丰富了许多。古代妇女最早的画眉材料是黛,黛是一种黑色矿物,也称"石黛"。描画前必须先将石黛放在石砚上磨碾,使之成为粉末,然后加水调和,磨石黛的石砚在汉墓里多有发现,说明这种化妆品在汉代就已经在使用。除了石黛,还有铜黛、青雀头黛和螺子黛,铜黛是一种铜锈状的化学物质。秦汉时期的妆容中,还发明出花钿,也称之为面花或花子,是粘贴在脸部上的薄形饰物,大多以彩色的光纸、鱼骨、云母片、丝绸等为原料,制成圆形、三角形、梅花形等,色彩缤纷,花钿一般贴于眉间(图1-12)。

4.魏晋南北朝时期

这个时期由于北方少数民族势力逐渐扩张到中原,形成各民族经济文化的交流融汇,我国妇女的妆容技术在此时期逐渐成熟,呈现多元化的倾向。整体而言,妇女的面部装扮在色彩运用上比以前大胆,装扮的形态变化也很大,且女性普遍以瘦弱为美,爱好体态羸弱。粉脂之类化妆品的制作到魏晋时期已经成熟，产品质量很高，这个时期有一名叫段巧笑的宫女，时常"锦衣丝履，作紫粉拂面"，传说她以原有化妆品中的米粉和胡粉，再加入葵花汁，发明了女性化妆用的脂粉，当时这种妆法尚属少见，但是由此可以看出古代紫色为华贵象征的审美意识。北朝民歌《木兰诗》中有"当窗理云鬓，对镜贴花黄"，所谓花黄是指金箔剪出来的花形。面部妆容不仅种类繁多，而且花色各异，修正脸部缺陷成为当时人们所注重的妆容问题。在当时的环境下，面部妆容呈现一派求新、充满自由想象的发展趋势。魏晋南北朝时期人们创造了一系列前所未有的特色妆容，如斜红妆、额黄妆、寿阳妆、紫妆等，大多形象新奇，并且妆容大多受佛教影响而进行创作（图1-13）。

> 图1-13　魏晋南北朝时期妆容

5.隋唐时期

隋唐是中国历史上的繁荣大发展时期。隋朝妇女的装扮比较朴素，不像魏晋南北朝时期有较多的变化式样，更不如唐朝多姿多彩。唐朝国势强盛，经济繁荣，社会风气开放，妇女盛行追求时髦，女子时兴浓妆艳抹，有意修饰（图1-14）。唐朝女性社会地位较高，可以说是中国历史上女权最高的朝代，这时不仅化妆所用材料种类增加，而且妆容的内容更加丰富，修饰手法更为细腻，形成了完整的妆容化妆步骤。男装女穿成为潮流，而最著名的就是唐玄宗李隆基的姑姑——太平公主，在《新唐书》中就有关于太平公主身着男装的记载，皇帝在奖励大臣时，会分赐大臣口脂、面脂。唐朝时妆容已经成为一种礼仪习惯，当见朋友时都必须装扮，以示尊重。唐朝妆容的发展，赋予了妆容深层次的内涵，是现代妆容形象设计的萌芽。在妆容设计方面，浓妆成为面妆的主流，许多贵妇甚至将整个面部，包括上眼、耳部都敷上胭脂，如酒晕妆、桃花妆、节晕妆、飞霞妆、啼妆、泪妆、血晕妆等（图1-15）；在眉妆创作方面，隋唐也是中国历史上眉形样式最为丰富的时期，如柳叶眉、月棱眉、阔眉、娥眉、情黛眉、八字眉、啼眉等（图1-16）；在唇妆方面，各种唇形种类繁多，色彩丰富，以小巧圆润为美。唐代妆容不局限于局部化妆，也注意身体其他部位的修饰与美化，男子与女子一样戴花，不仅在良辰佳节表示吉祥，遇有国家大事，大臣与帝王一同戴花。隋唐时期女子发式如图1-17所示。

图 1-14 唐朝时期女子妆容

图 1-15 唐朝时期少女妆容

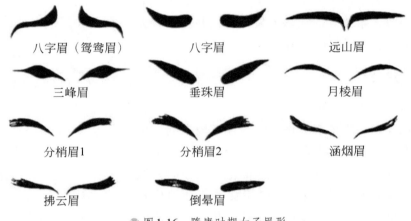

八字眉（鸳鸯眉）   八字眉   远山眉

三峰眉   垂珠眉   月棱眉

分梢眉1   分梢眉2   涵烟眉

拂云眉   倒晕眉

图 1-16 隋唐时期女子眉形

图 1-17 隋唐时期女子发式

6.宋辽金元时期

宋元时期妇女由于受程朱理学的束缚影响，面妆大多摒弃了唐代那种浓艳的红妆与另类的时世妆，而多是素雅、浅淡的妆容，称为薄妆、淡妆或素妆。宋元时期流行妆容以飞霞妆、慵懒妆为主，同时还出现了佛妆，它以瓜蒌等黄色粉末涂染于面颊，经久不洗，既具有护肤作用，又可作为妆饰，多妆扮于冬季，因观之如金佛之面，故称之为佛妆。眉妆总体风格以纤细秀丽、端庄典雅为主，以长娥眉、广眉、浅文诛眉、柳叶眉居多，宋、元时期女子妆容如图1-18、图1-19所示。

◎ 图1-18 宋代妇女妆容

7.明清时期

明清时期，国势强盛经济繁荣，清末国力渐衰，自宋元以来开始崇尚以小脚为美的劣习仍然盛行，此期对女性的礼教约束严格，妇女受到种种压抑及摧残，因此，明清时期妇女妆容方面不可能有突出的表现。明清时期妇女崇尚秀美清丽的形象，以面庞秀美、细眉弯曲、嘴唇薄小为美。敷粉施朱可以说永远是女人的最爱，明清时期的妇女也不例外，虽受各种礼教限制，妇女仍创造了新型的妆粉。例如，当时的珍珠粉是由茉莉花的花种提炼而成的妆粉，多用于夏季；玉簪粉是由玉簪花和胡粉制成的妆粉，多用于秋冬之季（图1-20～图1-22）。

◎ 图1-19 元代贵族妆容

◎ 图1-20 明代女子妆容

◎ 图1-21 明代贵族妇女妆容

◎ 图1-22 清代女子妆容

我国历代女子唇部妆容如图1-23所示。

秦汉时期	魏晋时期	唐代早期	唐代晚期
宋代时期	明代时期	清代时期	晚清时期

图1-23　我国历代女子唇部妆容

8.民国时期

民国时期的化妆品和化妆术，日益受西方妆容形象设计的影响，特别是受好莱坞妆容造型影响，在面妆、衣着方面与西方有相似之处，女性的妆容大都以简洁、淡雅、实用为主，前朝各代的作为等级、身份标志的妆容已经淡化。西洋商品的涌入，化妆新材料和新技术不断传入我国，人们逐渐形成了一种崇尚"新式""西式"的风气，加之电影的出现，电影明星的装扮成为了大多数人追逐的潮流。民国时期女子妆容技术没有什么创新，模仿西式的妆容是当时女子妆容的主流（图1-24～图1-26）。

图1-24　民国时期
女子妆容

图1-25　民国时期
平面广告

图1-26　民国时期
广告宣传妆容

9.改革开放时期

改革开放初期由于经济建设刚刚起步，生产力水平不高，加之长期受某些思潮的影响，妆容形象设计完全没有发展，甚至有些后退，几乎处于停滞状态。改革开放后期，经济飞跃发展，促进妆容发展空前繁荣，人们迸发出对美的渴望和热情，在借鉴国外妆容的同时，也注重本民族传统的妆容技艺，人们对于妆容的要求越来越高，妆容与艺术的结合发展到更高的层次，走上了一条健康发展的道路（图1-27～图1-29）。

◎ 图1-27　改革开放时期 影视剧妆容　　◎ 图1-28　改革开放时期 杂志妆容　　◎ 图1-29　改革开放时期 画报妆容

二、西方妆容简史

1.古埃及时期

古埃及文明在公元前4000年出现在尼罗河两岸，埃及可以说是一个极富传奇色彩的国度。古埃及人对清洁很重视，不同的造型衬托出不同的仪表和气质，所以妆容术和服装一样，有严格的宗教和皇室规定，并代代相传。古埃及男女都装扮自己（图1-30），化妆技巧鲜明繁复，进行人体绘画或刺绣纹身。化妆品和香水在当时是由牧师调制，他们严格保守配方，只售卖给那些有能力购买的人。发型和服装一样体现出一个人的社会地位，所以古埃及人花大量的时间梳理头发，做成各种发型。古埃及医学文献上记录了消除皱纹和染黑灰白头发的方法，用于化妆的物品有画眉毛和描眼角的化妆品，例如有将眼圈描成绿色和灰色的孔雀石和铝矿石，做胭脂或口红用的红赭石，染指甲、手掌和脚底的散沫花，做假发（这种假发的顶上用融化的蜂蜡封住）用的人头发等。在古埃及不同的颜色具有不同的象征意义。绿色象征青春和生命；而黄色代表黄金，这是永恒之神的肌肤；黑色一般用于假发；白色象征着幸福。古埃及人发明了眼影、腮红和口红，这是上流社会男人和女人的典型妆扮（图1-31），同时眼影棒、眼影膏、梳子、镊子、剃刀是常见的陪葬品，古埃及人还发展了制造妆容延伸品的技术。

图1-30　古埃及壁画记载　　　　　　图1-31　古埃及宫廷妆容

2.古希腊时期

希腊人富于创新精神，古希腊人喜穿戴整块布幅，只需要在不同的地方制造褶皱、开衩以及巧用别针，古希腊人心中最完美的服装是要精致得与身体浑然一体（图1-32）。古希腊初始时期的希腊女子很少装扮修饰面部，但到了公元前4世纪，除了下层社会的女子外，几乎所有的希腊女性都开始妆扮，人们大量使用香水和化妆品，无论男女老少都流行化妆。用铅粉修饰眼部，用自制的白铅化妆品改善皮肤的颜色和质地，面颊及嘴唇则涂抹朱砂。上层社会的女子还佩戴珍贵的头饰，例如金螺圈、银带或铜带（图1-33、图1-34）。

图1-32　古希腊　　　　图1-33　古希腊绘画　　　　图1-34　古希腊女子
　　　 女子着装　　　　　　　　　　　　　　　　　　　　　 面部妆容

3.古罗马时期

罗马文化深受古希腊文化影响，古罗马人除了非常富有的少数人之外，大多数人没有私人浴室，出入公共浴室成为普通人很青睐的一项社会活动。古罗马人热爱泡温泉，他们广泛使用护肤品进行沐浴。对于古罗马人而言，头发的作用远远不止于编结成各种式样，基于各种宗教信仰，头发与很多仪式活动联系在一起，各种各样的发型几乎都非常夸张庞大。发型随着年龄不同，一般年轻女性会将头发系在头后面包卷，而年龄较大的女性则会使发型更加复杂。编织头发非常受欢迎，经常被塑造成各种不同的发型，如卷发和波浪形（图1-35）。古罗马妇女还常使用各种各样的奶油、胭脂、唇色、用作香水的花油、眼线、眼影等。女性更喜欢强调眉毛和眼睛的妆容效果，因为在古罗马时代，大眼睛通常被认为是美丽的象征。除此之外，古罗马女性爱使皮肤变亮，常会在嘴唇和脸颊上涂上颜料，有时会在眼睑上涂上闪亮的锑（银白色金属）作为一种眼影。古罗马时期香水也很常见，有时用橄榄油和玫瑰水制成。古罗马时期女性已经经常使用化妆品来保护女人的自然美（图1-36）。

◈ 图1-35　古罗马时期女子妆容　　　◈ 图1-36　古罗马时期镶嵌画女子

4.中世纪时期

日耳曼部落的入侵，其结果之一就是古罗马艺术文化生活被彻底摧毁，取而代之的是日耳曼好战部落的风俗习惯。中世纪时期，不同国家的妆容习惯不尽相同，社会地位不同，妆容的色彩也不相同。中世纪的妆容用品主要是用古罗马帝国遗留下来的配方做出来的，中世纪女性会利用啮齿类动物的毛发来做假眼睫毛。例如中世纪西班牙的女子用粉红色腮红；中世纪后期德国的贫穷女子也使用粉色粉底，英国女子则多用白色粉底，意大利女子则强调皮肤的自然色泽，她们所用的粉底色泽比皮肤本色偏暗，呈肉色；6世纪的德国和英国，橙色口红也非常受欢迎。中世纪发型以自然为主，女子发型无外乎两种，松散飘逸或是编成辫子（图1-37、图1-38）。

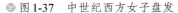 图1-37 中世纪西方女子盘发   图1-38 中世纪西方贵族女子妆容

中世纪的未婚女子流行把头发中分，让长长的卷发自然地披散在肩上。当时的发型设计比较简单，一般只靠佩戴头饰来点缀。

无论是哪个时代，女性几乎都以皮肤白皙为美，如过去的女性会用汞、铅等化学物质美白，她们的肥皂是用动物脂肪制成的。

5.文艺复兴时期

文艺复兴时期是艺术史上的重要时期，达·芬奇是文艺复兴时期少有的天才，他认为圆是最纯洁、最完美的脸形，并极力推崇比例对称的观念，这种审美在美学上占据了主导地位。文艺复兴时期人们的自我意识越来越明显，妆容的流行款式日益突出，最引人瞩目的发明是女子衬箍（图1-39）。衬箍最早出现在西班牙宫廷里。

图1-39 文艺复兴时期西方男女妆容

文艺复兴时期曾成立了美容相关的协会团体，专门发明试验各种新型美容产品及配方。此时期男性和女性都流行夸张的妆容，特别是贵族，化妆几乎成为必要的日常

需求。女性面颊与嘴唇一般不使用较深的颜色，妇女的面部苍白透明，会突出显示宽阔洁净的额头，眼部一般没有化妆，流行卷发，喜欢用头巾盖住头发（图1-40）。

🔖 图1-40　文艺复兴时期西方贵族女子妆容

6.巴洛克时期

巴洛克时期的女子都爱妆容打扮，尤其是法国宫廷的女性将妆容技巧发展到极致，她们习惯通过涂抹胭脂粉、描眉、假痣来掩饰瑕疵，喜欢使用假发。此时期新兴中产阶级崛起，开始通过专业设计的造型来实现个人审美，女性（图1-41）与男性都推崇随意、自然、优雅的审美。沙龙、时装设计师、发型师、模特儿以及花边、香水、高跟鞋、手套、手袋等各种时尚纷至沓来，烘托出巴洛克时期的繁荣和精致。荷兰风时期（一般指1620—1650年期间）的女子面部都很饱满，双颊丰满，眉毛纤细，下巴圆润，眼睛明亮。白粉是当时女子喜爱的化妆品，流行黑色眉毛和睫毛。女子梳发辫并用的缎面蝴蝶结和帽子非常流行。

🔖 图1-41　巴洛克时期西方女子妆容

7.洛可可时期

18世纪，随着资产阶级地位的不断上升，巴洛克时代的帝国风格也逐渐告退，逐渐被洛可可时代所替代。由于条件限制，18世纪的大多数欧洲人仍不能天天洗澡，人们靠妆容来遮掩肮脏的皮肤，用香水来遮掩体臭，女性涂抹脸部的粉底霜通常是用铅粉做的，两颊施以少许脂粉。18世纪末法国的民主思想直接影响了人们的品位，开始倾向于清新的空气和气味，鄙弃浓重香水的味道。18世纪法国大革命以前，法国男女都盛行在头发上撒发粉（所谓发粉，一般是用小麦做成的面粉），女人用面粉撒在头发上，看上去效果会更好。再往后，受革命的影响，开始崇尚自然的品位，不再在头发上施粉，女性喜欢把头发梳成自然松散的形状。18世纪中晚期，时装文化开始兴起，时装杂志也开始反映生活方式，大众变得对时尚更敏感，紧跟巴黎服装的步伐（图1-42）。

❧ 图1-42　洛可可时期西方女子妆容

❧ 图1-43　19世纪末期西方女子妆容

8.19—20世纪时期

19—20世纪时期，女性流行皮肤像象牙一样白净光亮，只有那些出身不好的女人们才涂抹红色的胭脂——交际花、女演员、歌手和妓女（图1-43～图1-45）。在《上流社会的学问》一书中，巴桑维尔（Bassaville）公爵夫人这样说道："杰出的女性从不穿白色的衣服，从不涂抹红色的脂粉。"19世纪女权主义影响了造型的观念，电影走入大众视线，百货商店、国际博览会的举办影响了人们的穿着妆容及生活方式（图1-46、图1-47）。

◎ 图1-44　20世纪20年代西方女子妆容　　◎ 图1-45　20世纪30年代西方女子妆容

◎ 图1-46　20世纪50年代西方女子妆容　　◎ 图1-47　20世纪60年代西方女子妆容

补充要点

　　妆容形象设计是一门由多方面知识组成的综合性学科，该学科涉及人体解剖学、骨骼学、心理学、绘画、雕塑、色彩、化妆品学、基础妆容学等方面的知识，应用领域涵盖了电影、电视、戏剧、舞台、摄影、服装、生活等各个方面，因此，学习妆容形象设计时，必须系统地学习与妆容相关的基础理论，构筑合理的知识结构。妆容形象设计艺术随着社会的进步和人们生活质量的不断提高而逐渐发展。越来越多的人开始认识到，真正的形象美在于充分展示自己的个性。创造一个属于自己的、有特色的个人整体形象才是形象美的更高境界。人们对美的关注也不再仅仅局限于一张脸，而开始讲求从发饰、妆饰到服饰的整体和谐以及个人气质的培养。

课后练习

1.妆容形象设计必须做到理论和实践紧密结合，请结合当今妆容艺术的发展情况，谈谈你对妆容的看法。

2.课后查阅相关文献，分析中西方妆容的相同与不同之处。

第二章
02
妆容形象基础知识

⬥ 学习难度：三级

⬥ 重点概念：轮廓结构、
　　　　　　基础色彩、
　　　　　　流行趋势

● 章节导读

　　人类之所以拥有美丽容颜，除了良好的皮肤条件外，其根本是依托于面部自身的轮廓框架。妆容形象设计属于视觉艺术，通过外在技术手段来展现、放大个人妆容形象。学生通过本章学习应全面掌握面部基本轮廓结构以及色彩相关知识，为妆容造型打下坚实基础（图2-1）。

⬥ 图2-1　艺术妆容

学生练习职场妆容

● 本章课程思政教学点：

教学内容	思政元素	育人成效
骨骼肌肉结构与面部	文化互鉴	每个国家和地区的人们存在着不同的面部结构差异，依据各国的人群展开骨骼结构的讨论，将东西方面部结构进行融合，相互借鉴
妆容形象色彩识别与妆容形象流行趋势	创新思维	培养学生从不同的角度和思维来进行色彩和流行趋势的识别，将中国的传统色彩导入流行趋势中，进行创意

第一节　头面部骨骼肌肉结构

　　妆容形象设计一般是对人物的脸部矫正和美化技巧，每一次妆容的创造，都会涉及面部的骨骼结构和骨骼肌肉之间的关系。

一、头面部组成结构

　　头部主要由皮肤、骨骼、脂肪、肌肉等部分组成。

1. 骨骼

　　颅是头面部骨骼的总称。颅骨是头部重要器官的支架和保护器。人的颅骨由23块大小不同、形状不一的扁骨和不规则骨组成（中耳的3对听小骨未计入），绝大部分牢固地连接在一起。头部骨骼是由头盖骨、颊骨、鼻骨、下颚骨等骨骼构成，大体可分为脑的头盖骨和脸的面颅骨两大类。脑头盖骨由前头骨、头顶骨、后头骨、侧头骨构成。人种不同，头盖骨的形状也有差异，但脑头盖骨特征则不会因年龄关系而有所差异。脸面颅骨由颊骨、鼻骨、下颚骨、上颌骨构成（图2-2），面颅骨会因年龄增大而出现变化。

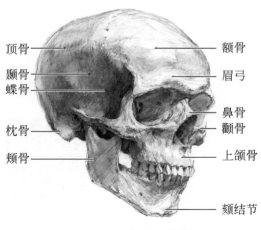

顶骨　颞骨　蝶骨　枕骨　颊骨

额骨　眉弓　鼻骨　颧骨　上颌骨　颏结节

◎ 图2-2　头部骨骼结构图

2.轮廓

脸部的轮廓会受额头、眉骨太阳穴、颧骨、下颚等部位的影响，形成各种不同的脸形。额头形状由前头骨的形状与头发发际的外形决定。同时额头的宽窄度、凹凸度也会影响人的外貌。下颚形状是决定脸部的均衡度和脸下半部轮廓的重要因素，例如若下颚消瘦，会给人以纤细、瘦弱、高雅的感觉；若下颚带棱角，给人以意志坚强、充满活力的感觉。

3.肌肉

肌肉分为表情肌和咀嚼肌。表情肌是控制颜面动作的肌肉，它的反复运动会产生表情纹。给人化妆时要掌握好对方的习惯表情，如微笑时，口圈肌、笑肌（苹果肌）和颊骨肌整个被牵动往上收缩，所以描唇形时嘴角不妨稍微上扬，这样更能表现出自然的美感。

4.脂肪

脂肪给人脸部以丰腴感，尤其是在颧骨，下方凹陷处的颊部脂肪，会使脸部呈现丰腴或是瘦削的不同感觉，脂肪量多，会显得稚气、年轻、天真；脂肪量少，会显得冷峻、成熟。

二、面部肌肉结构

人体的肌肉覆盖于骨之外，大多数肌肉两头附着于骨骼，唯有面部肌肉大多数一头附着在骨骼上，另一头则是附着于皮肤。面部肌肉都随着意识支使，因此也叫随意肌。面部肌肉虽然受意识的支使，但最主要是在情绪的影响下专管或传达脸部细致而又复杂的感情，故又称表情肌。面部肌肉结构如图2-3所示。

1.额肌

额肌的上面是颅顶肌，向下附着在鼻部的上端和两侧以及眼眶上缘的皮肤，额肌的肌肉纤维运动方向是上下的，外表皱纹的生成方向与肌肉的生长方向成垂直关系，因此额部的皱纹略带横行波纹。

2.颞肌

自颞窝始下延伸至颧骨内侧，咬物和语言时活动最多。

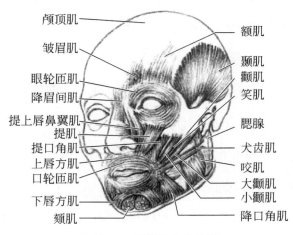

图2-3　面部肌肉结构图

3.皱眉肌

位于眉间两旁的骨面上，各自左右与额肌、眼轮匝肌相交错，而附着于眉及眉毛中部的皮下，由于皱眉肌活动频繁而使眉间形成的皱纹是竖形的，形似川字。

4.降眉间肌

起于鼻骨下部，向上附着于鼻根与眉间的皮肤，此肌肉主要与皱眉肌联合行动，使眉收缩下降，在鼻根处挤出一条或数条横纹。

5.眼轮匝肌

在眼眶周围，肌肉纹理沿眼眶环绕。肌肉扁薄，作用是开闭眼睛，辅助表情。由于眼部运动比较多，且表情变化大，眼部周围随着年龄增加，会产生一定的皱纹，皱纹方向与眼轮匝肌方向垂直，呈放射状。

6.鼻肌

鼻肌分横部、翼部、中隔部三部分。横部横向走向，鼻梁皮肤左右相接于鼻梁部。翼部横向走向，鼻翼附着于皮肤。中隔部附着于附近的皮肤。鼻肌是不发达的肌肉，在鼻部与鼻梁方向十字相交，因此鼻的皱纹是与鼻梁平行的。

7.颧肌

起于颧骨前，在上唇方肌外方，斜牵于颧丘和口角之间，收缩时颊部形成弓形沟纹。

8.上唇方肌

上端分三个头，起于内眼角与鼻梁之间的骨面上的叫内眦头，起于眶下缘的叫眶下头，起于颧丘内斜下方颧骨骨面上的叫颧骨头，三头向下合二为一，附着在鼻翼旁的鼻唇沟皮肤上，一部分与口轮匝肌相连。

9.笑肌

为微笑时所运用的肌肉，位于口两侧各一块。

10.下唇方肌

起于下颌两旁边缘向上斜行，附着于下唇皮肤及黏膜内。

11.咬肌

咬肌是长方形的浅层肌肉，位于颧骨以下的颊部侧面。上面起于颧骨前半段骨面上，主要起咀嚼作用。

三、皮肤基本结构

皮肤覆盖人体的最表面，具有非常重要的保护作用。表皮有角化层和皮脂，既可避免化学刺激，又可防止水分蒸发；还含有黑色素，可抵御紫外线的损伤。真皮具有高度韧性，可防止机械损伤。皮肤内神经末梢丰富，能感受各种刺激；汗腺则有排泄和调节体温的功能。皮肤的总重量约占人体重量的16%，总面积1.5～2.0平方米，厚度因部位而异，0.5～4.0毫米，眼睑及腋部皮肤最薄，手掌及足底的皮肤最厚。表皮层没有血管，真皮层与皮下组织层中有神经、血管、淋巴管、毛囊、汗腺、皮脂腺、结缔组织和脂肪。

四、面部组成

面部组成见图2-4、图2-5。

① 额头：眉毛至发际线部位。

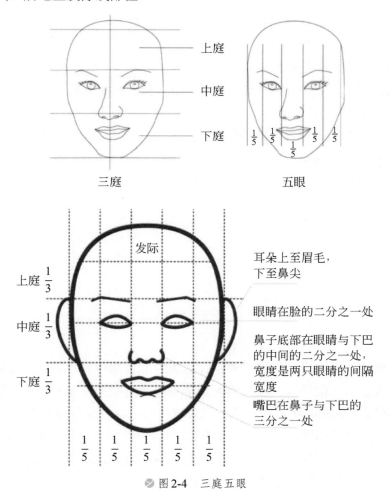

三庭　　　　　　　　　五眼

◎ 图2-4　三庭五眼

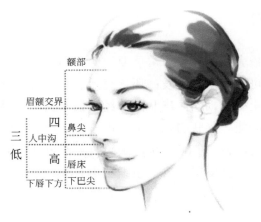

额部

眉额交界

四

三   人中沟   鼻尖

低

高   唇床

下唇下方   下巴尖

● 图2-5　侧面三庭五眼

② 眉棱：生长眉毛鼓出部位。

③ 眉毛：位于眼眶上缘一束弧形的短毛。

④ 眉心：两眉之间部位。

⑤ 眼睑：环绕眼睛周围的皮肤组织，边缘长有睫毛。

⑥ 眼角：分为内、外眼角。

⑦ 眼眶：眼皮的外缘所构成的眶。

⑧ 鼻梁：鼻子隆起的部位，最上面称鼻根，最下面称鼻尖。

⑨ 鼻翼：鼻尖两旁的部位。

⑩ 鼻唇沟：鼻翼两旁凹下去的部位。

⑪ 鼻孔：鼻腔的通道。

⑫ 面颊：脸的两侧，从眼到下颌的部位。

⑬ 唇：口周围的肌肉组织。

⑭ 颌：构成口腔上部与下部的骨头和肌肉组织。

⑮ 颏：下巴。

第二节　妆容形象色彩识别

　　色彩是我们认识世界万物的重要途径。美妙的自然色彩，刺激和感染着人的视觉和情感，陶冶着人的情操，提供给人们丰富的视觉空间。妆容形象色彩是将两种以上的色彩根据不同的目的，用一定的色彩规律去组合搭建色彩要素间的相互关系，创造出符合审美需求和设计创意的色彩效果，是一种对理想色彩的创造过程及结果。色彩学习是从人对色彩知觉和心理效果出发，用一定的色彩规律去组合构成要素间的相互关系，创造出新的、理想的色彩效果。

一、色彩形成

物体表面色彩形成取决于三方面：光源的照射、物体本身反射一定的色光、环境与空间对物体色彩的影响。

1.光源色

我们将自身能够发光的物体叫做光源。由各种光源发出的光，光波的长短、强弱、比例性质不同形成不同的色光，统称为光源色。光源可以分为两种：一种是自然光，如太阳光，太阳光是色彩学习最主要的研究对象，在色彩学上称之为标准色光。另一种是人造光，如灯光、烛光等，普通灯泡发出的光中，黄色和橙色波长的光比其他波长的光多，因而呈黄色调；普通荧光灯所发出的光中，蓝色波长的光较多，因而呈蓝色调。只含有某一波长的光就是单色光。含有两种以上波长的光则是复色光。含有红、橙、黄、绿、蓝、紫所有波长的光就是全色光。宇宙间的发光体千差万别，所形成光源的色彩也就各不相同。

2.物体色

物体色的呈现是与照射物体的光源色、物体的物理特性有关。物体本身并不发光，它是光源经物体的吸收、反射后，反映到视觉神经中的光色感受。如我们平时看到的颜料的色彩、动植物的色彩、服装和建筑的色彩等，我们把这些本身不发光的色彩称为物体色。同一物体在不同的光源下将呈现不同的色彩，在白光照射下的白纸显示为白色，在红光照射下的白纸显示为红色，在绿光照射下的白纸显示为绿色。各种物体由于所受投射的光源色不同、本身特性不同、表面质感不同、对光的吸收与反射不同、所处环境不同，所形成的物体色也各不相同。物体的色彩来源于光源的色彩和物体不同的选择吸收与反射的能力。光源的色彩影响着物体的色彩。黑色物体受光源的影响变化最不明显。物体的材质具有不同的反射值，从而形成了不同的色彩感觉，物体所处的环境也是物体形成不同色彩的影响因素。物体接受和反射光线的角度不同，形成的色彩也不同。

二、色彩组成

1.基本色

基本色通常包括12种明显不同的颜色，它是艺术家充分理解色环的重要依据。

2.色相

色相指色彩的相貌，是色彩之间相互区别的名称，如红、橙、黄、绿、蓝、紫等。将上述的单色按光谱顺序环形排列，便形成了色相环（图2-6）。在色相环上，纯度最高的是三原色（红、黄、蓝），其次是间色（橙、绿、紫），最后为复色。而在同一色相中，纯度最高的是该色的纯色，随着渐次加入无彩色（黑、白、灰），其纯度则逐渐降低。

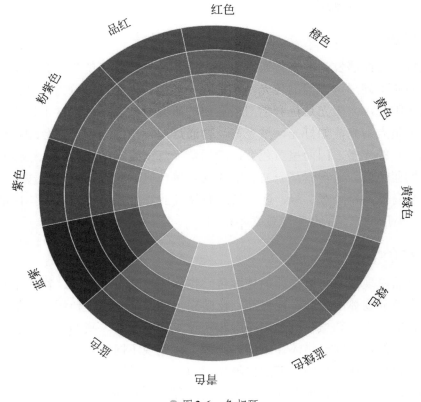

图 2-6　色相环

3.三原色

三原色是能够按照一些数量规定合成其他任何一种颜色的基色（图2-7）。红、黄、蓝又称第一色。原色+原色=间色，又称第二色，如红+黄=橙，红+蓝=紫，黄+蓝=绿，所以橙、紫、绿为间色。间色+间色=复色，又称第三色，或原色+黑色=复色，如绿+橙=橙绿，紫+绿=紫绿，橙+紫=紫橙。如此类推，间色与原色，间色与间色，间色与复色，复色与原色相配可得出千变万化、各色各样的色彩。

4.明度

明度是指色彩的明暗程度，指每一色相本身的浓淡差别，另外亦可指单一色受光线弱强所影响色相的深浅差别，光线强明度提高，光线弱明度衰减。

色相本身具有明度强弱的差别，若包括黑与白，即白色的明度最强，其次为黄，接下来顺序为橙、绿、红、青、蓝、紫，最暗为黑色。除黑、白色外，则黄色最强，紫色最暗（图2-8）。

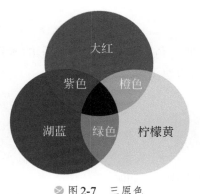

图2-7 三原色

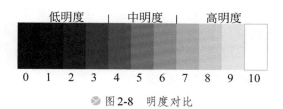

图2-8 明度对比

5.冷暖

颜色的冷暖不是绝对的，是相互比较而存在的，有些色与暖色相比显得冷，与冷色相比又感到暖。例如，红色系中的紫红色与青蓝色相比，紫红色为暖色，但在同一红色系中与朱红、大红比，紫红色则偏冷。暖色具有膨胀感，冷色具有收缩感（图2-9）。例如，暖色眼影可使凹陷的眼窝显得丰满，冷色眼影则可使肿胀的眼睑有收敛作用。

6.色调

色相与色相之间组成的色彩效果，称为色调。从色相来说有红调子、黄调子等；从色彩明度上分有亮调子、暗调子、灰调子等；从色性上分，有冷调子、暖调子、中间调子等。在整体和局部上，讲究色调协调。如服装色彩与化妆色彩应有协调的色调，眼影色彩与胭脂、唇红色彩的色调应相对协调，但不是绝对的统一色调，应在协调中有对比，在对比中有调和。只强调色彩的丰富，而不求色调的统一，会感到杂乱无章；反过来若只注重色调的统一，而忽略了色彩的变化，也会让人感到单调而缺乏美感（图2-10）。

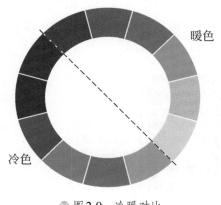

图2-9 冷暖对比

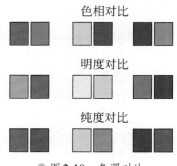

图2-10 色调对比

三、色彩心理

色彩心理对人的头脑和精神影响力是客观存在的，色彩的知觉力、色彩的辨别力、色彩的象征力与感情，这些都是色彩心理学上的重要内容（表2-1）。

表2-1　色彩心理

属性	类别	感情性质	种类	颜色感情心理
色谱	暖色	温暖、积极、活泼	红、橙红、黄	热情、兴奋、喜庆、活泼、高兴、健康快活、明朗
	中间色	中庸、新鲜、平静、平凡	黄绿、绿紫、红紫	安慰、萌发、安闲、平静、生机勃勃、严肃、神秘、不安、艳丽、热情
	冷色	冷酷、稳重、沉静	蓝绿、蓝、普蓝	安静、凉爽、寂静、深远、沉静、神秘、崇高、孤独
亮度	高	热烈、明朗	白、米黄	纯洁、清爽、温和
	中	稳重	亮灰色、米色	文静、大方
	低	厚重、阴郁	深、灰、黑	厚重、阴郁
色调	高	新鲜、活泼	鲜艳颜色	突出、花哨
	中	宽厚、温和	温和颜色	温柔、素雅
	低	雅气、稳重	雅致颜色	质朴、不显著

1.进退与胀缩

两个以上的同形同面积的不同色彩，在相同的背景衬托下，给人的感觉是不一样的。如在白背景衬托下的红色与蓝色，红色感觉比蓝色离我们近，而且比蓝色大。当白色与黑色在灰背景的衬托下，感觉白色比黑色离我们近，且比黑色大。当高纯度的红色与低纯度的红色在白背景的衬托下，高纯度的红色比低纯度的红色感觉离我们近，而且比低纯度的红色大。一般情况下，明度高而亮的色彩有前进或膨胀的感觉，明度低而黑暗的色彩有后退或收缩的感觉，但由于背景的变化给人的感觉也会产生变化。在纯度方面，高纯度的鲜艳色彩有前进或膨胀的感觉，低纯度的灰浊色彩有后退或收缩的感觉，并为明度的高低所左右（图2-11）。

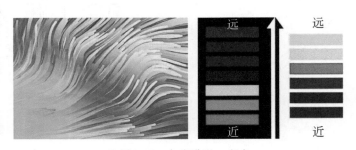

图2-11　色彩进退、渐变

2.轻重与软硬

色彩的轻重软硬，是物体色与视觉经验而形成的重量感作用于人心理的结果。决定色彩轻重的主要因素是明度，即明度高的色彩感觉轻，明度低的色彩感觉重。其次是纯度，在同明度、同色相条件下，纯度高的感觉轻，纯度低的感觉重。从色相方面，色彩给人的轻重感觉为：暖色黄、橙、红给人的感觉轻，冷色蓝、蓝绿、蓝紫给人的感觉重。物体的质感给色彩的轻重感觉带来的影响是不容忽视的，物体有光泽、质感细密、坚硬给人以重的感觉；而物体表面结构松软，给人感觉就轻（图2-12）。

图2-12 色彩轻重

四、色彩对比

色彩对比指两个以上的色彩，以空间或时间关系相比较，能比较出明确的差别时，它们的相互关系就称为色彩的对比关系，即色彩对比。对比的最大特征就是产生比较作用，甚至发生错觉。色彩间差别的大小，决定着对比的强弱，差别是对比的关键。色彩对比可分为：以明度差别为主的明度对比、以色相差别为主的色相对比、以纯度差别为主的纯度对比、以冷暖差别为主的冷暖对比等。每一个色彩的存在，都具有面积、形状、位置、肌理等方式。所以对比的色彩之间也存在着相应的面积的比例关系，位置的远近关系，形状、肌理的异同关系。这四种存在方式及关系的变化，对不同性质与不同程度的色彩对比效果也是各异的。

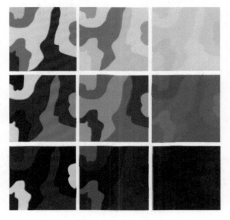

五、色彩调和

色彩调和是指两个或两个以上的色彩，有秩序、协调和谐地组织在一起，能使人心情愉快、欢喜、满足等的色彩搭配（图2-13）。

图2-13 色彩调和

1.同色相调和

同色相调和指在孟塞尔色立体、奥斯特瓦德色立体上，同一色相页上各色的调和。由于同一色相页上的各色均为同一色相，只有明度和纯度上的差别，所以各色的搭配给人以简洁、爽快、单纯的美。除过分接近的明度差、纯度差及过分强烈的明度差外均能取得极强的调和效果。

2.同明度调和

同明度调和指在孟塞尔色立体同一水平面上各色的调和。由于同一水平面上的各色只有色相、纯度的差别，明度相同，所以除色相、纯度过分接近而模糊，或互补色相之间纯度过高而不调和外，其他搭配均能取得含蓄、丰富、高雅的调和效果。

3.同纯度调和

同纯度调和是指在孟塞尔色立体、奥斯特瓦德色立体上的同纯度调和，同色相同纯度的调和及不同色相同纯度的调和。同色相同纯度的调和只表现明度差，不同色相同纯度的调和既表现明度差又表现色相差。除色相差和明度差过小、纯度过高的互补色相过分刺激外，均能取得审美价值很高的调和效果。

4.非彩色调和

非彩色调和指在孟塞尔色立体、奥斯特瓦德色立体的中轴即无纯度的黑、白、灰之间的调和。只表现明度的特性，除明度差别过小、过分模糊不清及黑白对比过分强烈炫目外，均能取得很好的调和效果。黑、白、灰与其他有彩色搭配也能取得调和感很强的色彩效果。

图 2-14　部落妆容

第三节　妆容形象流行趋势变化

流行趋势是指一个时期内社会或某一群体中广泛流传的生活方式，是一个时代的表达。它是在一定的历史时期，一定数量范围的人，受某种意识的驱使，以模仿为媒介而普遍采用某种生活行为、生活方式或观念意识时所形成的社会现象。关于流行趋势，每一年都会有不同的趋势变化，我们可以从各大平台或者市场走访，或查看国际流行趋势的发布。

一、流行色及流行色的由来

流行色又称为时尚色、时髦色，以前主要用于服装设计中，现在被广泛运用在商业设计中。流行色本身就是感性的色彩。国际流行趋势预测专家对时尚的商业市场和艺术潮流有着丰富的想象力，凭着个人的直觉和灵感，制造出影响国际潮流的色彩构成，并得到世界上各个领域的认同。流行色通常以服装设计为例，国际流行色是由总部在法国巴黎的国际流行色协会来预测完成。国际流行色协会在发布流行色定案之前是凭色彩专家的直觉来判断选择，他们对西欧的市场和艺术有着丰富的个人感受，以个人的才华、经验与创造力就能设计出代表国际潮流的色彩构图，也能得到世界的认同（图2-14～图2-19）。

中国的流行色是由中国流行色协会制定，他们通过观察国内外流行色的发展状况，取得大量的市场资料，然后对资料作分析和筛选制定，在色彩制定中还加入了社会、文化、经济等因素。

1.颜色趋势

每一年都有不同的流行色彩，但有的颜色是属于固定的，也就是我们常常讲的经典搭配，如大地色系、樱桃粉系、橘色粉系等。有的颜色不属于固定色，针对不同需求，可参考当季的流行趋势，设计出属于自己想要的色系。

2.元素趋势

不同行业有不同的流行元素，从近年收集的资料可以看出，每一季都发布了不同元素趋势，只是妆容轻重、颜色、排列方式等方面在作微调。

二、妆容流行色的应用

流行色彩最重要的特征是容易吸引消费者的眼球，能够让消费者感到心情愉悦，在消费层面不断

图2-15　创意妆容（一）

图2-16　面部油彩妆容

图2-17　创意妆容（二）

刺激消费者的消费欲望，流行色对相关行业产生重要的经济影响。为了能够把握色彩流行的趋势，设计师需要从心理学和社会学角度来分析，并及时了解特定色彩流行起来的原因。

妆容色彩的流行趋势是一个比较庞大的设计系统，一些企业、公司、设计师和设计协会建立了妆容色彩流行趋势和动向研究的体系，以预测不断变化的、影响设计各方面的文化、设计趋势、色彩动向，包括对消费者心理的调查和研究等多种指标。大多数的设计，驱动相关产业应用这些被预测的流行趋势色彩，这些被预测的流行趋势发展变化迅速，时尚产业是最容易受到色彩流行趋势影响的一个产业。

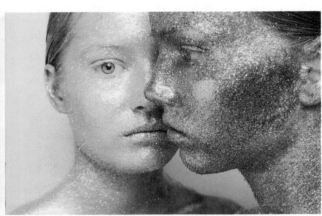

 图2-18 局部妆容　　◎ 图2-19 金银色系妆容

补充要点

国际流行色委员会是非营利机构，成立于1963年，是国际色彩趋势方面的领导机构，是目前影响世界流行色彩颜色与服装趋势的最权威机构。国际流行色委员会每年召开两次色彩专家会议，制定并推出春夏季与秋冬季男、女四组国际流行色卡，并提出流行色主题的色彩灵感与情调，为流行色彩颜色与服饰面料流行的色彩设计提供新的启示。参会人员即各国代表，各自准备一份对未来24个月后流行趋势所做的提案，不仅有文字介绍，还附有实物展示，这些实物都要同各自所推出的颜色相匹配。

课后练习

1. 色彩在妆容流行趋势中有哪些影响？
2. 色彩心理对人产生怎样的影响？
3. 谈谈你对骨骼的认识。

第三章 03

妆容形象设计基本技法

学习难度：三级

重点概念：皮肤认识、
        基本步骤、
        妆容程序

◈ 图3-1　面部彩妆

● 章节导读

　　皮肤类型是皮肤保养的先决条件，人们
只有认识了皮肤的分类才能选择适合自己肤
质的护肤品，并针对性地采用正确的护理方
法来进行皮肤护理，这样能快速而有效地达
到护肤养颜的目的。本章从皮肤分类管理展
开，介绍不同肤质的护肤方法和妆容工具及
其使用方法，以使读者掌握基本日常妆容的
化妆步骤（图3-1）。

学生练习日常
妆容

● 本章课程思政教学点：

教学内容	思政元素	育人成效
妆容工具与化妆品	文化拓展、工匠精神	优秀传统文化是中华民族延续五千年的血脉，是各民族得以和谐共处的共同精神家园，是激发民族自豪感和自信心的最深远、强劲的力量源泉，更是发展现代中国文化软实力、实现中华民族伟大复兴中国梦的重要基石，在此对中国传统民间工艺品及装饰工艺进行延展
妆容局部技法	文化自信	引导学生了解中国古代悠久的妆容历史和灿烂文化，对古诗、词、歌、赋和民风民俗妆容进行赏析，重温东方文明古国的历史，树立正确的文化自信

第一节　皮肤分类管理

　　一般情况下，人们往往根据皮肤水分、油分以及其他皮肤特性的不同，把皮肤分为干性皮肤、中性皮肤、油性皮肤、混合性皮肤、敏感性皮肤五大类，皮肤各层如图3-2所示。

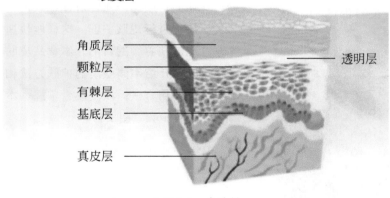

　　表皮层

角质层 ——
颗粒层 ——
有棘层 ——
基底层 ——

—— 透明层

真皮层 ——

　图3-2　皮肤层

一、干性皮肤

　　表现特征：面部皮肤水分、油分不均，干燥、粗糙，缺乏弹性，皮肤的pH值较弱，毛孔细小，皮肤较薄、易敏感，面部肌肤暗沉、没有光泽、易破裂、易起皮屑、易长斑，不易上妆；但面部外观比较干净，皮丘平坦，皮沟呈直线走向，浅乱而广，皮肤易松弛、容易产生皱纹和老化现象。干性皮肤又可分为缺油性和缺水性两种（图3-3）。

护理要点：保湿、滋润，宜选择油脂偏重的护肤品，避免使用刺激性强的护肤品。

解决方案：① 应使用具有滋润效果的洗面奶，避免使用皂类进行清洁；② 使用具有滋润效果的营养水进行二次清洁并同时滋润皮肤，根据季节的不同选择保湿的乳液及膏霜均可。建议每1～2周到相关医疗机构皮肤科进行补水的保养，效果更佳。皮肤特别干燥的人，可在专业医师的指导下服用维生素A或维生素E。干性皮肤者不宜久晒太阳和长期停留在空调房内，要注意经常补充水分，饮食要适当补充脂类食物。

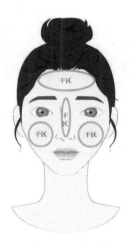

❯ 图3-3　干性皮肤

二、中性皮肤

表现特征：面部水分、油分适中，皮肤酸碱度适中，光滑细嫩柔软，富有弹性，红润而有光泽，毛孔细小，无任何瑕疵，纹路排列整齐，皮沟纵横走向，是最理想的皮肤。中性皮肤多数出现在人的幼年时期，这种皮肤一般炎夏易偏油，冬季易偏干（图3-4）。

护理要点：合理的保养，按照不同季节选择合适的护肤品，避免使用疗效型护肤品。一般只需早、晚用清水清洁皮肤。

解决方案：这类皮肤是非常容易护理的，只需要补水、保湿，防止肌肤缺水干燥。

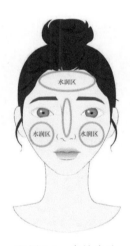

❯ 图3-4　中性皮肤

三、油性皮肤

表现特征：面部油脂分泌旺盛，T部位油光明显，毛孔粗大，触摸有黑头，皮质厚硬不光滑，皮纹较深；面部外观暗黄，肤色较深，皮肤偏碱性，弹性较佳，不容易起皱纹、衰老，对外界刺激不敏感，皮肤吸收紫外线后容易变黑、脱妆，易产生粉刺、暗疮（图3-5）。

护理要点：注意日常多清洁，防止毛孔堵塞，尽量

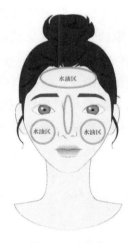

❯ 图3-5　油性皮肤

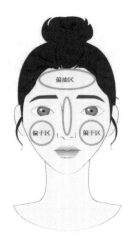

◈ 图3-6 混合性皮肤

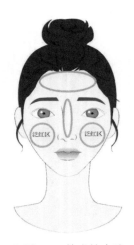

◈ 图3-7 敏感性皮肤

使用含油脂少的护肤品。

解决方案：早晚彻底清洁皮肤，尽量使用具有调节皮肤油脂分泌并具有收缩效果的爽肤水，每周可进行2～3次的磨砂护理。在饮食上应少吃刺激性强的食物，多吃蔬菜、水果，保持肠道通畅。也可适当服用维生素B_2和维生素B_6。如果面部长有痤疮切忌挤压。

四、混合性皮肤

表现特征：面部皮肤呈现出两种或两种以上的外观（同时具有油性和干性皮肤的特征），多见面孔T区部位易出油，其余部分则干燥，并时有粉刺发生（图3-6）。

护理要点：分区保养护理。

解决方案：此类皮肤应分区进行保养，根据部位的不同分别采用干性皮肤的保养方法及油性皮肤的保养方法。在清洁面颊部和眼周部时应避免选用偏碱性的洁肤产品，在T区部位则可选用洁面乳及去油面膜加以护理。

五、敏感性皮肤

表现特征：面部皮肤较敏感，皮脂膜薄，皮肤自身保护能力较弱，皮肤易出现红、肿、刺、痒、痛和脱皮、脱水现象（图3-7）。

护理要点：减少刺激，避免过敏因素。在使用护肤品之前先做皮肤斑贴试验，确认无过敏反应后再使用。

解决方案：避免使用含有酒精、色素、香料的保养品。建议使用含有甘菊、尿囊素、天然保湿因子、芦荟等成分的保养品来维持皮肤所需水分，缓解紧绷感，达到安抚、镇定、缓和敏感的作用。尽量避免日晒，避免使用太冷或太热的水洗脸等，应到专业医疗机构的皮肤科或者医美机构进行有针对性的面部保养，建议每周到医疗机构的皮肤科进行有针对性的保养。

第二节 妆容工具与化妆品

妆容工具与化妆品是化妆的重要物质条件之一，选择是否得当直接影响妆容的视觉效果。随着科技的发展，妆容工具和化妆品在不断推陈出新，我们需要时常关注市场的发展动态，将传统与先进技术结合起来才能打造更加完美的妆容。

一、一般化妆品的分类

化妆品按照用途分为四大类：洁肤类、护肤类、治疗类、修饰类。

1.洁肤类

洁肤类化妆品一般能深入清洁皮肤污垢、油脂，一般包括香皂、洗面奶、卸妆液等清洁产品。香皂类洁肤化妆品具有强碱性，用后皮肤易干燥、紧绷。洗面奶一般含表面活性剂，易清洁面部。卸妆液性质温和，适合眼部和唇部。

2.护肤类

护肤类化妆品能滋润皮肤、补充水分、收缩毛孔、平衡皮肤pH值，能在面部形成一种保护膜，起到隔离保护皮肤的作用。一般产品包括润肤霜、平衡露、柔肤水、收缩水、隔离霜、乳液等。

3.治疗类

治疗类化妆品一般针对性强，可以针对性改善和治疗皮肤问题。

4.修饰类

修饰类化妆品一般可以调整面部肤质肤色，遮盖瑕疵，弥补和美化面部皮肤，使用后更好上妆。彩色类修饰性化妆品如浅紫、浅绿、浅黄、浅橙、粉红、浅蓝等，主要用于平衡面部皮肤底色。肤色类修饰性化妆品如肤黄色、表肤色、嫩肤色、象牙白、粉嫩白、瓷白等，主要用于统一皮肤的肤色、肤质。形状类修饰性化妆品是由水分、油分和颜料混合而成的，由于含量比例的不同而有许多品种，它可以掩盖面部皮肤上的瑕疵，调整面部皮肤的色调，使皮肤的质感更加光泽润滑。

修饰类化妆品一般有以下几类。

（1）基础粉底液

基础粉底液是在涂抹护肤品和修饰化妆品中间环节使用的，相当于在皮肤上放一层保护膜，通过这层膜可以防止面部水分流失，减少粉底霜对皮肤的损伤。面部不同部位颜色略有差别，有的部位偏黄，有的部位偏红，眼底和鼻子附近颜色总是发暗的，因此化妆时可以用不同颜色的粉底液调整面部肤色（图3-8）。

（2）粉底

涂抹粉底是面部皮肤化妆的基础工程，粉底的选择是相当重要的，不同的粉底可以达到不同的效果。最常用的是膏状粉底，如粉底霜和乳液粉底，脸部瑕疵较多

◈ 图3-8　粉底液

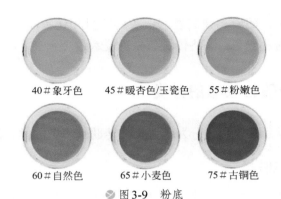

40#象牙色　　45#暖杏色/玉瓷色　　55#粉嫩色

60#自然色　　65#小麦色　　75#古铜色

◈ 图3-9　粉底

或年龄较大的女性比较适合粉底霜，遮盖力比较强；粉底乳液是适用范围相对更广泛的粉底，看起来有透明感。油性皮肤或是有粉刺的皮肤尽量避免使用油分较多的霜质粉底，宜使用水质的无油产品。粉底（图3-9）一般又有以下几类。

① 膏状粉底　这种粉底含油量高，具有较强的遮盖力，适合较浓艳的化妆。使用时应注意色彩与肤色上的协调，避免形成"假面具"。

② 固体粉底　这种粉底的外观形态是粉质的，制作时要采用特殊的方法将粉底用油和水包裹起来，使之成为湿粉，然后再制成固体状。它能消除或减弱皮肤的油脂和光泽，涂后不需再上干粉。由于这种粉质会吸收皮肤水分，易使皮肤干燥，所以只适合油性皮肤。

③ 乳状粉底　这种是介于粉底霜和基础粉底液之间的粉底，虽然遮盖效果一般，但适合自然妆。可在拍平面广告时使用。

④ 水质粉底　水质粉底多用于面部或身体大面积晕染。

（3）定妆粉

定妆粉是粉末物质，可吸汗、吸油，减少面部油光感，起到定妆作用，一般分"哑光"和"珠光"两种，另有称呼为散粉、干粉、蜜粉、碎粉等。化妆时打完粉底后，再使用颗粒细腻的干粉定妆，这一步骤是为增加粉底和遮盖霜的附着力，使妆容持久，并使皮肤干爽而防止脱妆，还可以缓和过重的腮红，也可以改善油性皮肤的化妆效果（图3-10）。

◈ 图3-10　定妆粉

（4）遮瑕霜

如果为了遮盖脸部的斑点和瑕疵而反复涂粉底的话会影响化妆的效果。正确的方法是用尽量少的粉底来展现皮肤的光洁明亮。遮瑕霜能掩饰脸部的各种斑点和瑕疵，如改善粉刺痕迹、黑眼圈、扁平的额头、塌陷的鼻子等（图3-11）。

◈ 图3-11　遮瑕霜

二、其他妆容化妆品的种类

1.眼部——眼影类（图3-12）

粉状眼影：易晕染，色彩丰富，但缺少光泽感。

膏状眼影：色彩艳丽，有光泽，但不易晕染。

水溶性眼影：表现力强，色彩艳丽，有光泽，但不易晕染层次。

◎ 图3-12 眼影盘

2.眼部——眼线类

眼线笔：比较自然，易晕染，色彩丰富（图3-13）。

眼线液：防水，有光泽，线条清晰，轮廓感较强。

眼线膏：色泽浓艳，不易晕染，易化妆，多用于化黑色烟熏妆眼线。

眼线粉：水溶性的，真实自然，清晰。

◎ 图3-13 眼线笔

3.睫毛类

睫毛膏：可防水，拉长睫毛，可使睫毛显得超浓密、更加自然等（图3-14）。

假睫毛：有线制、胶制，可使睫毛显得更浓密、自然。

◎ 图3-14 睫毛膏

4.眉部

眉笔：表现力强，可使眉部边缘线更加清晰，但看起来不太自然（图3-15）。

眉粉：色彩自然，眉部边缘朦胧感比较强。

◎ 图3-15 眉笔

5.脸颊部——胭脂（图3-16）

粉状：色彩丰富，易晕染，但缺少光泽感。

膏状：色彩艳丽，有光泽，但不易晕染。

6.唇部

唇彩：含油脂丰富，颜色较浅，使用后显得有光泽。

干脂类：油脂少，适合职业女性。

◎ 图3-16 胭脂

唇线笔：起到勾画轮廓的作用，可减少口红（图3-17）外溢，增加唇的立体感。

● 图3-17　口红

三、常用妆容工具种类

化妆时应根据不同人的脸形特征使用不同的粉刷，即使是画同一类型妆，也要根据不同的形象使用不同的工具，化妆工具主要分为三大类。

1.化妆刷（图3-18）

① 腮红刷　涂抹胭脂的毛刷，有各种形状和各种规格，一般应选用柔软而富有弹性且较丰满一些的动物毛的大而圆的毛刷，主要用于脸颊部位。选择腮红刷时要选毛质柔软圆弧形的。

② 粉刷　是化妆工具中最大号的毛刷，一般宽约一寸（1寸≈3.33厘米），长约一寸半，毛层厚而饱满，一般用山羊毛制成用于定妆，使用时动作要轻柔，以避免刷掉化妆的颜色。

③ 扇形粉刷　用来扫去眉毛上多余的干粉和脸部的残粉，如果有眼影或睫毛膏蹭在脸上，也可以用这种粉刷扫去。

④ 眼影刷　有海绵头眼影刷和笔状平头刷，它主要是用来敷眼影的，特别是用在上眼皮及眉骨处。选择刷子时要选择毛质柔软的。

⑤ 眉毛刷　是由两排猪鬃毛制成的刷子，形同牙刷，用来刷眉毛，梳齿细密。使用时应从眉毛的反方向刷，然后再顺刷。它还可以用来刷眼睫毛，将附着在睫毛上多余的杂物清除，使眼睫毛平顺，看上去更加自然妩媚。选择眉毛刷时要选毛质柔软的斜面刷子。

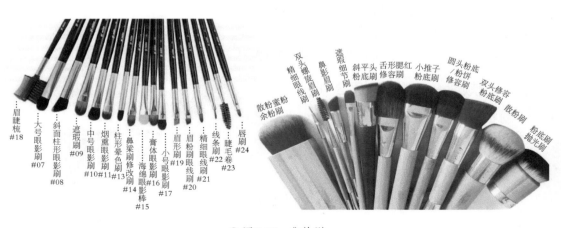

● 图3-18　化妆刷

⑥ 底粉刷 在眼部打眼影底色和打鼻影时使用。

⑦ 眉刷、唇刷 眉刷用于刷掉多余的眉粉。眉刷在使用前应先捋顺刷毛，上眉色后用眉刷梳理眉毛。上眉色后用眉刷可以将眉色晕染得更自然。刷完睫毛膏之后，使用眉刷可将睫毛刷成根根分明的效果，刷除结块部分。唇刷可以使唇线轮廓清晰，使唇膏色泽均匀饱满。约0.5厘米大小的圆形唇刷使用起来最方便，一般用黑貂毛制成的唇刷具有弹性和可控制性，能清晰地画出唇形。

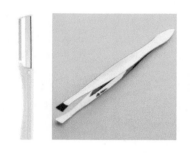
● 图 3-19 眉毛夹和修眉刀

⑧ 海绵刷 非专业人士可以用海绵刷很好地将眼影粉晕开。

⑨ 眼线刷 尽量选择毛质柔软且刷头较小眼线刷，用眼线刷画眼线可以达到自然柔和的效果，使用时可用眼线刷蘸眼线涂抹在睫毛根部描画。

⑩ 定妆刷 定妆刷外形饱满，毛质柔软，成弧形。

⑪ 清洁刷 扇形毛质柔软的清洁刷对于经常化妆的人来说比较重要，尤其是当眼影粉掉到脸上时，可用清洁刷子沿着面部的肌肉走向轻扫即会清理干净。

⑫ 两用眉梳 一边是眉刷，一边是眉梳，眉刷轻扫眉毛可使眉色更加清淡，眉梳可梳理结块的睫毛膏，可使睫毛根根分明，更加自然。

⑬ 遮瑕刷 用于蘸粉底遮盖面部细小部位的瑕疵、眼袋、黑眼圈。

⑭ 滚刷 螺旋状，梳理眉毛和晕开眉笔画重了的痕迹，达到自然的效果。

⑮ 假睫毛 分整条假睫毛和睫毛束两种，整条的假睫毛用于整个眼部的修饰，可使睫毛看起来浓密。睫毛束适合局部种植粘贴，使睫毛看起来更自然。

● 图 3-20 睫毛夹和假睫毛

2.美容夹

① 眉毛夹 具有弹性的小金属镊子，它是用来拔除杂眉毛的工具，选用时要注意夹嘴两端里面的平整与吻合（图3-19）。用于拔掉多余的杂眉，使用时要顺着眉毛生长的方向拔，速度要快，逆着拔容易破坏毛囊而产生疼痛感。

② 睫毛夹 也称睫毛卷曲器（图3-20），它能使直而向下的睫毛呈弯曲，但睫毛夹不能用于卷下眼睫毛，涂过睫毛膏的眼睫毛也不能再卷曲。睫毛夹可使睫毛更加卷翘自然。

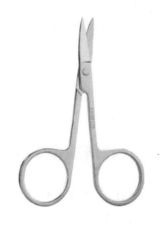
● 图 3-21 弯头眉剪

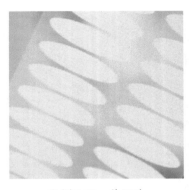

◎ 图 3-22　美目贴

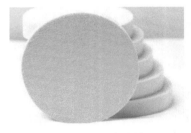

◎ 图 3-23　海绵扑

③ 修眉刀　用来刮掉杂眉，使眉形更加流畅完美。选择刀片时，应选带有防护功能的刀片，可防止刮伤皮肤（图3-19）。

④ 弯头眉剪　用于修理较长的眉毛，修剪眉毛时先用滚刷将眉毛梳理整齐后再进行修剪，还可用于修剪美目贴和假睫毛（图3-21）。

⑤ 美目贴　主要用来调整眼形，一般需要根据不同的眼形来进行修剪，如下垂眼形可用后眼尾加宽的美目贴，可使下垂眼皮得到改善，美目贴应贴于双眼皮褶皱处（图3-22）。

3.化妆辅助工具

① 海绵扑　在妆容设计中，海绵扑是涂抹粉底时较为常用的专业工具。化妆时可以利用海绵扑推平不均匀的粉底，使粉底和皮肤更加贴和。海绵扑分圆形和斜面之分，圆形可大面积使用，斜面可以处理细小部位，使用前可在海绵扑上适当喷一点水，能防止海绵吸走过多的粉底，使用时用海绵扑轻轻滚压面部，自然粉底就打好了（图3-23）。

② 棉花棒　由卫生药棉制成，它是化妆时用来擦净细小部位的化妆工具，平时应放置于干净小盒内。

③ 粉扑　棉质粉扑的缺点是水洗后会变硬，使用时易导致粉扑得过厚。由质地柔软的合成材质制成的粉扑可以调节干粉的用量，如干粉盒内剩余的干粉还可以用粉扑彻底清除干净。粉扑用于涂拍定妆粉，一般呈圆形。专业粉扑背后有一半圆形夹层或一根宽带，在定妆后的化妆过程中，化妆师要用小手指勾住粉扑背面的带子做衬垫进行描画，以免蹭花已经化好的妆。

第三节　妆容形象基本步骤

一、妆前准备工作

在上妆前应有针对性地对皮肤进行相应的护理，这样才能使底妆更好地与肌肤贴合，妆面会显得更为清透、干净。比如干燥的肌肤一般会有暴皮现象，需选用补水乳液滋润改善皮肤症状后才不会出现浮粉现象；过油的皮肤需妆前进行清洁、控油、补水，才能使妆面更持久，不会出现脱妆现象。妆前护肤是必不可少的一步，也是化妆前关键的一步，只有滋润水嫩的肌肤才能更好地与妆容贴合（图3-24）。

◎ 图3-24　妆前清洁

二、妆容基本步骤

1.涂抹粉底液

将豆粒大小粉底液点在脸上各个部位，再涂抹均匀即可，起到遮掩皮肤底色并保护皮肤以免受粉底刺激的作用，粉底液不宜涂得过多。

2.打粉底

粉底是用以修饰皮肤底色的化妆品，它可以掩盖皮肤上粗大的毛孔和瑕疵，调整皮肤的颜色，使皮肤颜色均匀、细腻紧密，并使妆面不易脱落。妆容应根据每个人的肤质情况选择不同类型不同颜色的粉底；其次用量和涂抹方法非常重要，也是整个妆面最关键的环节。涂抹粉底时使用化妆海绵均匀地拍打或顺着皮肤毛孔的方向涂抹，特别注意不要使脸部与头发部分产生分界线，因此粉底要一直涂到发根处和颌以下至颈部。皮肤过于干燥的人可将粉底与精华素或乳状粉底按1：1的比例混合后使用，以使皮肤更容易吸收（图3-25）。

（a）妆前护肤　　　（b）涂抹粉底液　　　（c）均匀完成打底

◎ 图3-25　涂抹底妆

3.定妆

在涂有粉底的皮肤上，将香粉或干粉直接扑在粉底上，有增白、吸收汗液和皮肤上的油脂、避免脱粉、避免粉过度光亮以及便于涂敷辅助色如干胭脂眼影色等作用。

4.画眼影

画眼影的作用是帮助我们加深眼部轮廓，增加视觉上的眼睛大小。眼影色是化妆时涂在眼睛周围的颜色，有阴影色、亮色、强调色、装饰色等各种颜色，深眼影可以增加眼睛的光彩。选择时除了要与皮肤色调相协调以外，还必须考虑到应与脸部特征和服饰相吻合等。

5.画眼线

画眼线目的是为了使眼部边缘清晰，由于眼部边缘加深而形成的黑白对比分明，增加眼睛的光彩和亮度。方法是：从靠近鼻子的一侧画起，握眼线笔的手要平衡稳定，眼线笔与眼睑的水平成30°～40°角。先画上眼皮，可以先轻轻地拉起上眼皮，然后再靠近眼睫毛根部的地方画出上眼线，一般需要从眼角画到眼尾。而在画下眼线的时候，也是在靠近睫毛的地方画，需要注意的是一般下眼线可以只画一半，即中间到眼尾，这样就不会让整个眼妆看起来比较浓重（图3-26）。

（a）散粉定妆　　　（b）眼影定色　　　（c）描绘眼线

💧 图3-26　涂抹眼影眼线

6.涂睫毛膏

涂过睫毛膏的眼睛，能保持一定的紧张感，而且不会显得眼皮下垂，眼底的妆也不易扩散。用睫毛夹把睫毛向上夹过三次左右后睫毛就会向上卷曲，然后马上用睫毛膏涂在睫毛上固定。这样，睫毛既不易折断也能自然上翘。涂睫毛膏时，应先横向呈"之"字形路线，涂抹一遍睫毛膏后再由下向上涂一遍，这样可以使睫毛膏涂抹得更均匀。注意涂过睫毛膏以后，不能再用睫毛夹，否则睫毛非断即掉，变得不自然。眼睛较细或较短的人应分别在眼睛中部和眼角的睫毛处集中涂抹睫毛膏，这样可以使眼睛看起来更大更长，或在相同位置剪1/3长度的假睫毛粘贴上，效果也很好。睫毛过密的人应用睫毛刷涂抹睫毛膏，这样涂抹比较均匀且不会产生纠结现象（图3-27）。

（a）夹睫毛　　　（b）平刷上睫毛　　　（c）平刷下睫毛

💧 图3-27　涂抹睫毛膏

7.画眉

画眉之前必须先修眉，用眉毛夹（或眉刀）把远距眉的主干部分的疏落杂眉毛拔（或刮）去，然后把眉毛逐根修剪，将过长的眉毛或向下垂的眉毛修剪到适当的长度。另外用眉梳配合，从眉梢向眉头平平地挨着皮肤梳过去，用剪子把过长的眉毛剪短，眉梢的眉毛要求短一些，眉头的眉毛要求长一些，以保持眉的立体感。标准的眉形是眉头在眼角内角的正上方，标准的两眼角之间的距离为一只眼睛的长度，标准的眉峰在眉梢到眉头距离的1/3处。画眉时先把眉毛削成扁平形，按照眉毛生长的方向一根根地去画，不要用一条粗细相同的线画到底，以避免虚假感。也可根据眉毛本身的条件，在稀疏或需要的部位处描眉。将画上颜色的眉毛用手指轻轻地从眉头向眉尾捏一遍，使眉毛中心出现一条深色的眉线，再用眉毛夹和弯头眉剪作进一步修饰。画眉颜色不宜过深，用深棕色加少许黑色或用灰色眉笔勾画眉毛，可使眉毛有层次、有生动感。眉毛不宜画得比瞳孔颜色深，眉毛颜色比瞳孔颜色浅时，更能显示出眉眼的神采和立体感（图3-28）。

8.嘴唇

理想的唇形应有柔和的弧线，唇线分明，唇肌丰满，嘴角略向上翘，画唇要画得符合脸形。

9.腮红

腮红可以赋予脸部立体感并增添生气。涂腮红需要准备一个最大号的粉刷，四方脸或脸颊部分肉较多的圆脸形的人，应选用比自己肤色暗的两个色调的腮红，涂在从耳朵上方到下巴的三角形区域，包括耳朵，并自然地连接到颈线，这样就可以改善脸形。脸形整体较大且呈正四边形的人应以眉毛下面、脸颊下部和下颌为三个点，在整个脸侧面扫上"3"字形的腮红，这样可以使脸部看上去显得较小；然后使用大粉刷，在大面积内展平涂抹。在涂腮红的时候尽量使突出的棱角部位和下颌、颈部自然连接在一起，这也是最重要的，否则会像戴了一个假面具一样显得不自然（图3-28）。

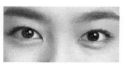

（a）描绘双眉

（b）腮红定妆

🎐 图3-28　描绘双眉和
腮红定妆

第四节　妆容局部技法

一、不同脸形特点的画法

利用粉底修正脸形，深色粉底具有收缩凹陷效果，浅色粉底具有膨胀凸出效果。

腮红描画应选柔和色调，描画不宜过重，体现面色红润即可（图3-29、图3-30）。

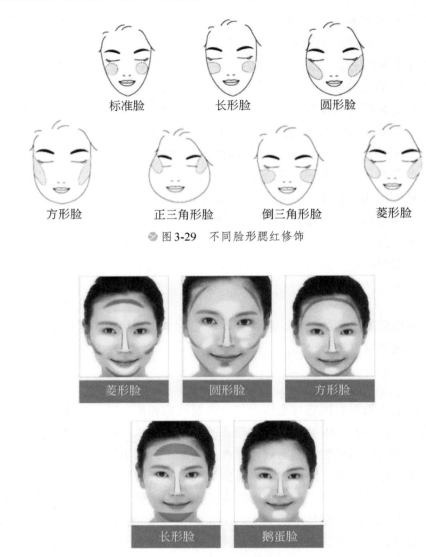

标准脸　　　　长形脸　　　　圆形脸

方形脸　　正三角形脸　　倒三角形脸　　菱形脸

❥ 图3-29　不同脸形腮红修饰

菱形脸　　　　圆形脸　　　　方形脸

长形脸　　　　鹅蛋脸

❥ 图3-30　不同脸形粉底修饰

1.甲字形脸（标准脸）

甲字形脸接近于标准脸形，脸形额头较宽，下巴窄而尖。给人青春、活力的印象，也有单薄、柔弱的感觉。可选择多种画法，使用阴影色修容工具收拢额头两侧，在两颊处提亮。

2.由字形脸（正三角形脸）

由字形脸腮部、下颌部较宽，额部较窄。给人富态、沉稳的印象，但缺少生动感。腮部较大，额头较窄。以前耳边发际线为起点，向嘴角斜上方涂抹。使用阴影色修容工具收拢腮部两侧，太阳穴处进行提亮，面部T部位的提亮要柔和些。

3.申字形脸（菱形脸）

申字形脸颧骨突出，上额及下颌处较窄，面部立体感较强，但脸形较为消瘦。给人精明、清高、冷漠的印象。颧骨突出，可先用阴影色修容工具收拢，用腮红在颧凸处向鼻翼斜上方涂抹。在太阳穴及下颌处提亮，颧骨部位的两侧使用阴影色修容工具适当进行修饰。

4.用字形脸（倒三角形）

用字形脸棱角分明，尤其是腮部骨骼平直有力，两额角发际线后退，与腮部形成方形四角。给人憨厚、稳重、诚恳的印象。腮部宽大，额头较宽，先用阴影色修容工具收拢，可以太阳穴为起点向嘴角斜上方涂抹，运用阴影色修容工具修饰两腮处突起部位，并在宽阔的额角处营造柔和的视觉效果。

5.国字形脸（方形脸）

国字形脸腮部较宽，棱角分明，先用阴影色修容工具进行收拢，用腮红在靠近外眼角处以颧骨为起点向嘴角斜上方涂抹。

6.目字形脸（长形脸）

目字形脸的宽度较窄，面部轮廓方而硬。给人正直、老成、严肃的印象，但面部缺乏柔和、生动的感觉。脸形比较消瘦，普遍中庭偏长较多，用腮红以颧凸为中心向耳根处横向涂抹。使用阴影色修容工具修饰前额和下巴处，面部高光及反差不宜过强。

7.田字形脸（圆形脸）

圆形脸骨骼轮廓不明显，两颊及腮部比较丰满。给人可爱、活泼的印象，但缺乏成熟稳重的气质，脸形较宽且丰满，用阴影色修容工具进行收拢，以颧骨下凹处为中心向嘴角斜上方涂抹。阴影色的重点放在腮两侧，并在T部位及下巴处进行提亮。

二、不同眼形特点的画法

眼部妆容分为两种，一是修饰，二是矫形。修饰的方法是描画眼线、卷翘睫毛、刷睫毛。矫正化妆除了修饰外，还要用粘贴、视觉造型、色彩造型、线条引导等比较复杂的化妆方法。修饰眼睛的步骤是定好化妆方案，然后依次进行涂眼影、画眼线、卷翘睫毛、涂睫毛液（膏）。眼影的涂抹部位不同，产生的效果也不同。眼影的涂抹方法，一般是将眼影涂在眼睑与眉毛之间，眼影不应距眼内角太近。如果是同一系列颜色搭配，可以由深到浅渐变，先用较深颜色的眼影涂于上眼部下沿（或双眼皮皱褶内），然后涂上稍浅一些颜色的眼影，近眉毛处涂上亮色眼影；眼线的描绘通常画在眼睑缘上长出睫毛的部位，上眼线从眼内角开始涂至眼外角，下眼线应从内眼角下眼睫毛处开始画（表3-1）。

表3-1　不同眼形特点

样式	图形	特征
自然式		自然柔美 下眼线纤细色淡 上眼线稍宽色浓
娇俏式		自然柔媚 上眼线外眼角不露痕迹 角线顺势上扬
婉约式		圆润柔和 下眼线角线不封 内外眼角均适度延长
上吊式		清秀妩媚 上眼线上翘 下眼线紧贴睫毛根部
印度式		妩媚多姿 上下眼线由细到粗 并向外上翘
埃及式		神采飞扬 上下眼线的外眼线不交合 同时向后拉出扩大眼形
鹿尾式		灵活俊秀 外眼角的角线内收上翘

1.上吊（扬）眼

上扬眼的妆容应避免在上眼睑外侧使用眼影，以清淡的色调略微带过。为了使眼睛看上去更加柔和一些，应加强上眼睑内眼角处和下眼睑黑眼球外侧的色彩，下眼睑内眼角可选用浅亮色提亮，眼影可以选择暖色系，如粉色、橘色等，以减弱眼睛的上扬感（图3-31）。

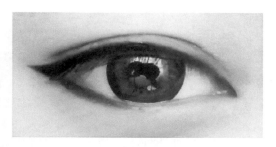

适合眼形：丹凤眼、杏仁眼。适合脸形：椭圆脸。

图3-31 上扬眼、猫眼画法

2.下垂眼

下垂眼的妆容应加强上眼睑后眼尾眼影的提升，同时注意描画上眼睑后眼角和下眼睑内眼角的眼线，这样眼部有提升效果（图3-32）。

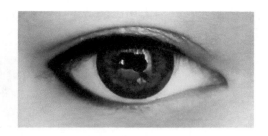

适合眼形：较圆眼形。适合脸形：圆脸、椭圆脸。

图3-32 下垂眼、狗狗眼画法

3.大眼睛或长眼睛

大眼睛或长眼睛的妆容眼影要弱化，用色不可过深，适合选择清淡色彩的眼影，同时应细画眼线，在睫毛根处使用较深的眼影以增加眼部结构和神采（图3-33）。

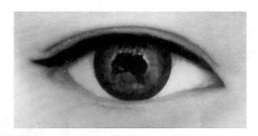

适合眼形：较窄和较长眼形。适合脸形：鹅蛋脸、方圆脸。

图3-33 长眼画法

4.圆眼

圆眼的妆容可选用色彩并置的方法，外眼角的眼影用色要鲜明、突出，整个眼形的眼影不能过高晕染（图3-34）。

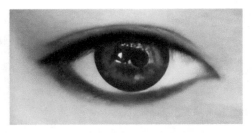

适合眼形：小鹿般的圆眼。适合脸形：略带婴儿肥的可爱脸形，
同样也可以修饰较方的脸形。

⬤ 图3-34　圆眼画法

5.两眼间距远

两眼间距远的妆容应选用拉近眼距的画法，选用接近眼周围的生理色作为结构收拢色晕染出鼻侧影，眼影色彩重点放在前眼窝的位置上，在下眼睑前眼角处做白色的眼角提亮，使眼影色有向内集中的效果，达到拉近两眼间距的目的（图3-35）。

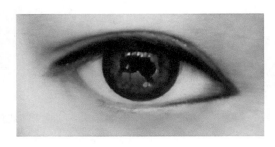

适合眼形：眼距较远的人。适合脸形：任何脸形。

⬤ 图3-35　拉近眼距画法

6.两眼间距近

两眼间距近的妆容应选用拉开眼距的画法，减少过重的鼻侧影色彩调整，眼影色彩重点放在后眼尾。拉开两眼间距，并且内眼角可使用亮光色调的眼影小范围地加以修饰（图3-36）。

适合眼型：眼距较近的人。适合脸形：任何脸形。

⬤ 图3-36　拉开眼距画法

7.小眼睛

小眼睛的妆容可在眼窝处涂抹较深的眼影，用渐变的方式将眼影由下向上晕开，色彩过渡应柔和、自然，睫毛根处的色彩较深会使眼睛有色彩清晰的扩张感（图3-37）。

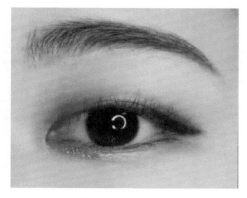

◆ 图3-37　小眼睛画法

8.单眼皮

单眼皮的妆容可运用美目贴将单眼睑粘贴成双眼睑，眼影柔和描画即可；直接运用深色眼影，用渐变的方法在上眼睑睫毛根处由下向上柔和晕开，即直接运用深色眼影做倒钩式晕染（图3-38）。

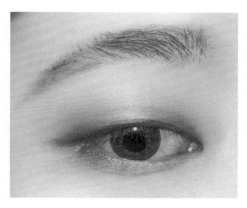

◆ 图3-38　单眼皮画法

9.肿眼睛

肿眼睛的妆容可选用深色及冷色调眼影，不可使用浅色或珠光亮色眼影，尤其禁用红色或偏暖色。用渐变的方式将眼影柔和地由下向上晕开，在眉骨处提亮以增强眼部的色彩明暗对比，从视觉上使眼部有内收的效果，可用深色眼影做倒钩式晕染，提亮眉骨及T部位，增加视觉反差，体现眼部凹陷感（图3-39）。

三、不同鼻形特点的画法

◆ 图3-39　肿眼睛画法

鼻子的修饰在化妆时主要是画鼻侧影，鼻侧影常用的颜色为浅棕色、棕灰色、土红色、褐色、紫褐色。鼻侧影颜色与面部底色应是相同暖色调，需要拉开鼻侧影颜色与底色的明暗差别，使鼻侧影颜色与底色相和谐，形成自然的阴影色。鼻侧影的颜色除应与皮肤色相统一外，还应与眼影色相协调（图3-40、图3-41）。

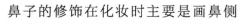

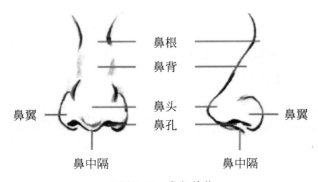

鼻根
鼻背
鼻翼
鼻头
鼻孔
鼻翼
鼻中隔
鼻中隔

图3-40 鼻部结构

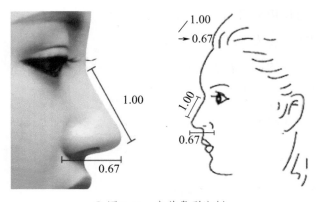

图3-41 完美鼻形比例

1.鹰钩鼻形

鹰钩鼻形的鼻梁有较为明显的突起，鼻梁凸起处宽大，鼻头至鼻尖向前，鼻中隔向后呈鹰钩形，这种鼻形使人显得冷峻。妆容可在鼻梁过窄的部位加入高光色，在凸起部位两侧使用阴影色收拢，鼻尖使用阴影色收缩，在鼻中隔运用高光色提亮，使其有向前延伸的视觉感（图3-42）。

2.鼻头上翘（扬）形

鼻头上翘（扬）形的鼻头上翘，鼻中隔、鼻孔正面水平视线可见度大，这种鼻形使人显得可爱滑稽。妆容应在鼻梁处使用高光色提亮，鼻头处避免使用高光色，鼻中隔、鼻翼处使用阴影色收拢，从而忽略上翘感（图3-43）。

3.蒜头鼻形

蒜头鼻形的鼻根、鼻梁较短，鼻头宽大，鼻尖

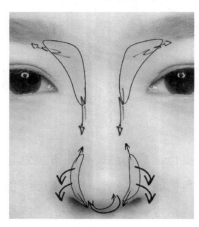

图3-42 鹰钩鼻形

不明显，鼻翼宽而肥大，鼻子在面部整体五官中较为明显，这种鼻形使人显得憨厚、忠实，但缺乏灵秀之美。妆容应在鼻根、鼻梁处加入高光色，高光色使用不可过宽，在鼻翼处运用阴影色收拢，缩小鼻形肥大的不协调感觉（图3-44）。

◎ 图3-43　鼻头上扬形

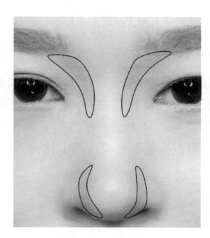

◎ 图3-44　蒜头鼻形

4.长尖鼻形

长尖鼻形的鼻翼较窄，鼻尖瘦小单薄，鼻形整体感觉瘦长，这种鼻形使人显得机敏、灵巧，但也有吝啬、缺少圆润的感觉。妆容可在鼻根、鼻梁处涂抹高光色略宽些，同时在鼻翼处使用高光色以加宽鼻形（图3-45）。

5.塌鼻梁形

塌鼻梁形的鼻根、鼻梁较低，从面部侧面观察，鼻形扁平，只有鼻头处略为凸起。妆容可在内眼角眼窝处使用阴影色，并延伸涂抹至鼻梁外侧，再使用高光色在鼻根、鼻梁处进行提亮，利用色彩的明暗变化，使其有托起的视觉感（图3-46）。

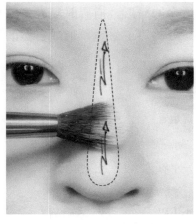

◎ 图3-45　长尖鼻形

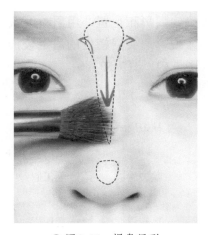

◎ 图3-46　塌鼻梁形

6.鼻梁过长形

鼻梁过长形的鼻子长度大于面部长度的三分之一（"三庭"中庭偏长），鼻梁处凸起，鼻根两侧较窄，鼻头、鼻尖清晰可见轮廓。妆容可在鼻根加入高光色，提亮可较宽些，可将阴影色涂抹在从内眼角到上眼睑的位置上，但不要向鼻尖做色彩延伸（图3-47）。

7.鼻梁过短形

鼻梁过短形的鼻子长度小于面部长度的三分之一（"三庭"中庭较短），鼻根、鼻梁较短，并且鼻根较宽，鼻形整体显平坦。妆容可从鼻梁至鼻尖涂抹高光色，但高光色的使用不可太宽，在鼻根至鼻翼处使用阴影色进行收缩，产生色彩的明暗差别，使鼻形有拉长的效果（图3-48）。

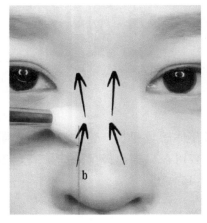
图3-47 鼻梁过长形

图3-48 鼻梁过短形

四、不同眉形特点的画法

首先确定眉形和位置，用眉粉淡淡勾画出适合的眉形。描眉时应遵循这样的规律：一般来说，眉头眉梢处的眉毛较浅，而眉峰处的眉毛最重，形成自然的深浅层次变化（图3-49、图3-50）。

秋娘眉	水弯眉	嫦娥眉	新月眉
秋波眉	羽玉眉	一字眉	黛玉眉
只燕眉	抚形眉	小山眉	柳叶眉

图3-49 不同眉形素描法

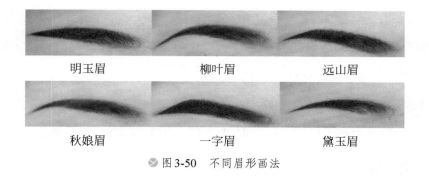

明玉眉　　柳叶眉　　远山眉

秋娘眉　　一字眉　　黛玉眉

图 3-50　不同眉形画法

五、不同唇形特点的画法（图3-51）

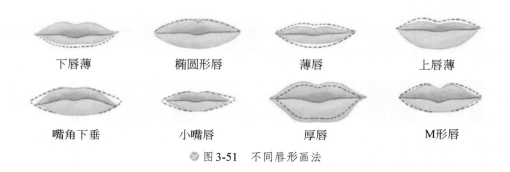

下唇薄　　椭圆形唇　　薄唇　　上唇薄

嘴角下垂　　小嘴唇　　厚唇　　M形唇

图 3-51　不同唇形画法

1.厚唇

厚唇的妆容先把粉底打在唇上，再用唇线笔勾出唇形，然后涂唇膏。运用粉底盖住外露的唇红和用阴影色把唇部轮廓缩小，肤色粉底主要用在上唇的边缘，下唇的轮廓线可以用偏深点的肤色粉底遮盖。由于厚唇一般都凹凸明显起伏大，如果涂抹同一色度的唇膏，仍然会有原来嘴形的痕迹，因此涂抹唇膏时，应注意深浅层次的变化。

2.薄唇

薄唇的妆容可用唇膏遮盖住本来的唇形轮廓，增加唇红的宽度。可先用浅肤色粉底加在唇的外面，画出唇形轮廓，以增加画出的唇形轮廓的立体感，然后在轮廓内涂唇膏。

3.下唇薄

下唇薄的唇形显得苦相。妆容可用唇线笔将上唇的唇角线略提高，并向内缩小一点，下唇线也稍向内缩，与上唇线会合，这样可把唇部改得活泼可爱，唇角处加浓颜色口红或唇彩，以突出嘴巴中部的唇形。

4.上唇薄

上唇薄的唇形表现活跃的性格。妆容可用唇线笔将唇峰点稍提高，上唇外线描成起伏的山岭形，上唇外角要略提高，使唇显得有笑容。

5.M形唇

M形唇的唇本身线条较美，化妆时可以充分利用这种柔和的曲线。

6.椭圆形唇

椭圆形唇的妆容在画唇线时，上下唇角均要向内缩，不要画浅，线条要画曲线，唇膏颜色要用深色，若用鲜明颜色的唇膏，唇会更显大。

7.嘴角下垂

嘴角下垂的妆容用唇线笔先将下唇修成船底形，上唇用唇线笔从唇峰至唇角略描宽些，使上唇角略显长并微翘，显得特别甜美。

8.小嘴唇

小嘴唇，一般两个唇峰较近，上唇缺乏曲线与角度，下唇突出。化妆时用唇线笔在原来的唇线内加画一条唇线，唇角处画得小一点，两唇峰略向两侧画宽一点，以增加上唇外形的轮廓曲线美。

补充要点

1.取长补短

妆容是以化妆品的运用及艺术描绘手法来美化人的容貌，而这一美化是建立在原有容貌的基础之上的，其目的是既要保持原有容貌的特征，又要使容貌得到美化。在化妆中，必须充分发挥本身面容的优点，修饰和掩盖其不足之处，这是妆容的重点，这一点在妆容中要准确把握。要求造型师仔细观察化妆对象的容貌条件，分析其优缺点，在此基础上，还要根据环境、服装等特定条件着手进行比较分析，这样才能使妆容起到取长补短的效果。

2.自然真实

妆容要求自然、真实。对于淡妆来说自然、真实是容易理解的，但对于浓妆来说，这样的要求似乎难以理解。浓妆要求有适度的夸张，但夸张是要有限度的，自然、真实的原则是要在夸张妆容时把握一定的度。要将本色美与修饰美有机地结合在一起，使本色美在修饰美的映衬下变得更为突出。

3.展示自我

每个人的容貌都不相同，因此，为每个人的化妆也应有所区别，这一区别所反映出的是人与人的个性差异，成功的妆容要因人而异地体现出个性的特征。展示自我形象的妆容应依据个人的五官特征来进行。

4.整体协调

化妆应注意整体的配合，一方面，妆面的设计，在用色上应考虑化妆对象的自身条件与发型、服装与服饰相配合，使之具有整体的美感；另一方面，在妆容造型设计时还应考虑主体对象的气质、性格、职业等内在的特征，以取得和谐统一的效果。

课后练习

1.皮肤肤质有几类？分别有哪些特征？
2.练习妆容步骤及不同部位的局部妆容。

第四章 04

生活妆容形象设计

- 学习难度：四级

- 重点概念：妆容分类、
  特征、
  步骤

● 章节导读

生活妆容是形象设计中的主要环节，依据不同场景需求与特点进行针对性的妆容设计，达到符合人们追求美的心理，也是体现妆容效果的主要方式之一，本章重点介绍生活妆容的化妆步骤及创作手段（图4-1）。

❤ 图4-1 时装妆容造型

学生练习日系
晒伤妆容

● 本章课程思政教学点：

教学内容	思政元素	育人成效
日常、职场、晚宴妆容	思想道德、人文关怀	"文运同国运相牵，文脉同国脉相连"。对我国不同时期传统国画进行延展，中国国画为国人树立正确的审美观念、陶冶高尚的道德情操、塑造美好的心灵提供了丰富的资料
朋克妆容、二十世纪妆容	艺术风格、审美延展	我国古代思想家荀子在《乐论》中说，乐的作用独特，"夫声乐之入人也深，其化人也速"，具有移风易俗的教化作用。中国戏曲是一种高度综合的民间艺术，这种综合性不仅表现在它融汇各个艺术门类而出以新意方面，而且还体现在它精湛涵厚的表演艺术上，各种不同的艺术因素与表演艺术紧密结合，通过演员的表演实现戏曲的全部功能。了解不同艺术门类，使学生从多种思维角度延展艺术审美

第一节　日常妆容设计

生活状态中的日常妆容，离人很近，化妆的效果应以不露痕迹、若有若无为最高境界，因每个人的生活状态千差万别，妆容者需要考虑被化妆者所处的时间、地点、场合、身份、服装、年龄及目的。素面朝天是休闲的状态，修饰效果过强的妆面会令人有不真实感，恰到好处地展现特征是女性日常妆容最佳表现方法。

一、日常妆容特征

日常妆容也称淡妆，其主要特征为简洁、干净、真实、自然，用于一般的日常休闲生活。日常妆容因出现在日光环境下，化妆时必须在日光光源下进行，妆色宜清淡典雅，自然协调，尽量不露化妆痕迹。

二、妆容步骤

① 打底　依据肤色、肤质选择粉底，肤质干燥者可用粉底液，敏感皮肤可先用隔离霜后打粉底液，皮肤有瑕疵者用粉底膏。

② 定妆　用粉扑蘸少量定妆粉，将粉揉匀，按压于面部。

③ 眼影　选择与服装颜色相协调的眼影色彩，考虑年龄及出入场合，日常妆容

以浅淡、自然为佳，多用平涂、渐层的眼影技法。

④ 眼线　眼线标准者可省略不画。眼睛无神者只画上眼线即可，下眼线不需画。眼线的变化是前细后粗，画完后可用棉棒将眼线晕开。

⑤ 睫毛　顺着睫毛根部由里往外轻柔刷睫毛膏。

⑥ 眉毛　先用眉刷蘸眉粉刷出自然的眉形，后用眉笔轻轻地描出眉形，再用眉刷修补空缺。

⑦ 唇部　可不画唇线，直接涂抹唇膏，色彩以浅淡自然为佳。

⑧ 高光　顺着鼻翼、额头、下巴部位均匀刷上高光色。

⑨ 腮红　淡淡地涂抹在颧骨部位，瘦长脸形用横打手法，宽圆脸形用竖打手法。

⑩ 检查整体妆容（图4-2）。

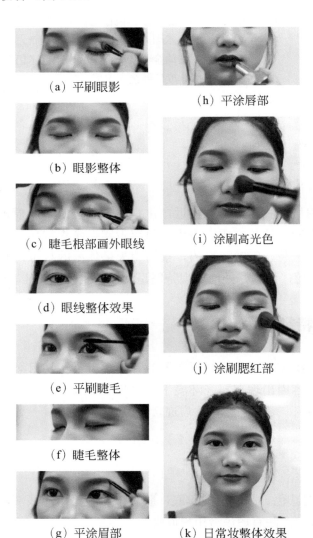

（a）平刷眼影

（b）眼影整体

（c）睫毛根部画外眼线

（d）眼线整体效果

（e）平刷睫毛

（f）睫毛整体

（g）平涂眉部

（h）平涂唇部

（i）涂刷高光色

（j）涂刷腮红部

（k）日常妆整体效果

◈ 图4-2　日常妆容步骤

第二节　职场妆容设计

可以说职场女性是一道亮丽的风景线，整洁的妆容，大方得体的着装，干练的举止，让职场充满生机。个人形象修饰得体可让人看起来精力充沛、整洁大方，而面部妆容要精细、讲究，应适于近距离交流，能表达自己的品位。粗糙的妆容会影响个人的气质和职场形象。

一、职场妆容特征

职场妆容主要特征为干净、通透、自然，没有过多色彩感，表现皮肤的质感。由于职场女性一般长期处在空调房，照明属于冷调光源，因此底妆要做好保湿效果，色彩上也要选择适合冷光色调，例如健康的小麦色肌肤可以体现生机，偏白的象牙色粉底则可作提亮使用，底妆要做到均匀、自然。

二、妆容步骤

① 打底　将海绵粉扑轻轻拍打开，然后用海绵粉扑先蘸取适量粉底液涂抹在鼻翼两侧和脸颊内侧，用自然肤色遮瑕笔点涂在黑眼圈、鼻孔外侧、嘴角等部位，再用气垫粉扑轻轻拍打脸部，起到遮瑕效果，然后将适量定妆控油散粉拍打在肌肤上。

② 眼影　选择与服装颜色相协调的色彩，考虑年龄及出入的场合，可使用眼影膏，也可使用液体眼影。

③ 眼线　用小号眼影刷轻蘸点儿黑色眼影粉，轻涂抹在眼线处。

④ 刷睫毛　顺着睫毛根部由里往外轻柔刷睫毛膏，必要时也可贴假睫毛。

⑤ 眉毛　根据不同眉形从前往后、由粗到细描眉，以自然为佳。

⑥ 唇部　根据不同服装色彩选择合适的口红颜色。

⑦ 腮红　可依据当季流行趋势和个人整体妆容底色选择不同的腮红颜色打在颧骨两侧。

⑧ 发型　以干净、利落、可爱、自然、大方得体为宜（图4-3）。

（a）刷眼影　　　　　　（b）眼影整体　　　　　　（c）画眼线

图4-3

（d）刷睫毛

（e）睫毛整体

（f）画眉毛

（g）涂口红

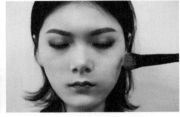
（h）涂腮红

（i）整体造型

◈ 图4-3　职场妆容步骤

第三节　晚宴妆容设计

晚宴妆容源于欧洲贵族大型晚会，通过化妆、发型、服装、首饰来体现女性的华贵、高雅、品位、气质等。经过演变目前已成为我国美容美发大赛的一个比赛项目，因晚宴妆容常在舞台表演比赛效果，所以与舞台妆有相似之处。

一、晚宴妆容特征

晚宴妆容主要特征为高贵、艳丽、成熟、迷人、性感。晚宴妆用于夜晚较强的灯光下和气氛热烈的场合，显得华丽而鲜明。因为是夜晚，太淡的妆容在强光的照射下，会显得苍白、气色差，相反浓烈的妆容在夜晚会给人带来很强烈的视觉立体感。晚宴妆脸部轮廓和眼睛部分是重点打造的部位，因此妆容矫正力度可大些。

二、妆容步骤

① 打底　皮肤好者可用粉底液打底，肤质不佳者可用粉底膏打底，脸宽、圆者可分深、浅两色来打底，皮肤有瑕疵者要注意遮瑕。

② 定妆　皮肤平滑且脸形小者，可用珠光定妆粉来定妆；脸宽、圆者可分深、浅两色定妆粉来定妆。

③ 修容　用修容粉饼将面部轮廓进行修饰、矫正，使面部更具立体感。浅色提亮色用于想突出的部位，深色阴影色用于想收缩的部位。亮色一般是将面部的鼻梁、额头中央和下巴中部的位置提亮，阴影色涂抹外轮廓、发际边缘和鼻侧影。

④ 眼影　眼影色彩可浓艳也可淡雅。选珠光眼影时，眼睛重点突出凹凸部位，可用浅色眼影先涂眼睑，眼部凹的部位可用深色眼影描绘，建议选择红色、粉色、蓝色等冷色系的珠光眼影，达到眼部色泽表现更加明艳动人的效果。

⑤ 眼线　根据眼睑进行调整。

⑥ 睫毛　刷睫毛膏，可使用假睫毛。

⑦ 眉形　自然与精致并存。

⑧ 唇形　唇形不标准者可先用唇线笔勾画好唇线，将唇膏均匀涂抹于轮廓内，唇色可根据场合、服饰等进行选择。

⑨ 腮红　腮红用棕色系列或蜜粉或冷色等色系，依据不同脸形进行恰当的修饰。

⑩ 发型　以符合自身气质、掩饰缺点的发型为主，晚宴发型造型以卷发、松散自然盘起、自然半头披发、清爽盘起等样式为主（图4-4）。

第四节　朋克妆容设计

朋克妆容一直以一种非主流妆容的形式出现于街巷或舞台上。朋克妆在化妆师手中表现的是独立、张扬、不羁与叛逆。因此，朋克妆容一直被认为是非生活化的舞台妆容，朋克妆在日常生活中应用较少，但是，只要稍做点变化，或是在化妆时候稍微控制一下应用范围，朋克妆也可以让人在日常逛街中显得更时尚前卫。

一、朋克妆容特征

朋克妆容主要特征为棱角分明、孤独、叛逆、黑色、

(a) 刷眼影

(b) 画眼线

(c) 刷睫毛

(d) 画眉毛

(e) 涂口红

(f) 刷腮红

(g) 整体效果图

● 图4-4　晚宴妆容步骤

（a）画眉毛

（b）刷眼影

（c）画眼线

（d）刷睫毛

（e）局部效果

（f）整体效果

图4-5　朋克妆容步骤

金属质感、有距离、冷峻感，颜色以冷色系为主，着重在于眼睛的刻画，通常以夸张的大烟熏达到颓废的眼妆效果。

二、朋克妆容步骤

①底妆　依次涂隔离、涂遮瑕、涂粉底，生活底妆要薄，局部定妆。

②眉毛　自然与锋利并存，黑褐色为宜。

③眼影　以黑、紫、蓝等安全色系眼影为宜，也可采用色泽亮的深浅色，慢慢晕染延伸，表现不同渐变的深邃程度。眼影晕染范围在眼部的凹凸地方，下眼睑也应作相应的晕染，以达到与整体妆容融为一体的效果。

④眼妆　用眼线膏画出粗粗的上下眼线，从眼头绘至眼尾，内眼线延至外眼线根部，甚至可将整个眼睑四周涂满。

⑤睫毛　可多次重复由里至外刷睫毛膏，增加睫毛厚度与浓度，也可粘假睫毛让眼线稍稍缓和。

⑥腮红　整个妆容应干净整洁，不需要过多的色彩。

⑦唇部　以裸色、哑光色为宜（图4-5）。

第五节　二十世纪复古年代妆容设计

二十世纪复古年代妆容在每个阶段都不太一样，流行永远有一个周期。由于地域文化不同，每个国家都有各自的复古年代妆容。现在部分的创意妆容里包含了一些古老的复古年代妆容元素，在那个复古的特定时期也许是最正常不过的日常妆容，但现在一般仅作为欣赏的元素来进行设计。

一、二十世纪复古年代妆容特征

二十世纪复古年代妆容以夸张、优雅、复古、高贵的面妆为主要特征，复古年代妆容适合一些私人聚会、主题晚会等小众场合，不太适合出现在严肃的工作场所。

二、二十世纪复古年代妆容步骤

① 护肤　彻底清洁脸部，抹上适量的护肤品，秋天最好选有补水和锁水功能的护肤品，日霜和晚霜区别使用。

② 底妆　若想拥有二十世纪六十年代贵族的感觉，皮肤的白皙与透明就显得非常重要。上粉底时注意把脸形的立体感修饰出来，可选择不同颜色的粉底液，如较圆的脸形可在颧骨位置用亮色调，在腮部用深色调，耳前部位用较深的渐进色，使用带点珠光效果的底霜。

③ 眼影　复古年代妆容的眼影偏爱绯红色、紫色，颜色上稍微会偏向浓，蓝、绿两色较少用，以层次法逐层铺开，面积可超过2/3眼睑部位，突出双眼轮廓。

④ 睫毛　复古年代妆容惯用黑色睫毛膏，睫毛不够长的可选浓密型睫毛膏，用大一点的刷头刷上去会更浓密。睫毛膏一层不够可多刷几层，或先刷一遍透明睫毛膏拉长睫毛后再涂上黑色睫毛膏。

⑤ 画眉　二十世纪六十年代复古妆容的眉形偏粗，中性的感觉，依照脸形来画眉毛的走向，颜色不能太浅，深咖啡或者黑色会比较适合。

⑥ 唇部　不同年代的复古妆容唇部颜色有差别，自然就好，大胆用饱和度颇高的红色唇膏或唇彩，玫瑰红、大红、中国红都可以搭配不同肤色营造出明艳高贵的唇妆效果，玫瑰红更是适合不同肤色的百搭色彩。

⑦ 腮红　配合眼影的颜色，腮红的胭脂也偏爱绯红色，使用时根据每个人不同的脸形打上腮红，注意应以突出脸部轮廓为主（图4-6）。

（a）刷眼影

（b）画眼线

（c）刷睫毛

（d）画眉毛

（e）画唇

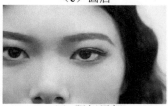

（f）腮红局部

（g）整体造型

❥ 图4-6　复古妆容步骤

第六节　男性妆容设计

男性日常生活妆容打理非常简单，让人看起来干净利落即可，并且不应出现油光满面的尴尬。男性的眉妆是妆容中最主要部分，利用不同妆容技巧，打造出不同风格。

一、男性妆容设计特征

男性妆容主要为干净、自然、稳重的妆面。干净的底妆提肤色，利落平眉让人看起来更加精神。

二、男性妆容步骤

① 修眉　按照本身的眉形，将多余的杂眉刮去，一般男性眉形适合英气的剑眉。

② 底妆　涂抹与肤色接近的粉底液，均匀地按压于面部。

③ 画眉　用眉笔勾出眉形，男士的眉毛一定要有眉峰，用圆眉刷蘸眉粉先把眉头晕染一下，避免画出方方正正的眉毛，使用深棕色的眉粉填补眉毛空隙。

④ 眼部侧影　选择哑光棕色眼影或眉粉打在眼窝处，余粉加强眼尾的轮廓感之后顺便往前过渡，加深内眼窝和鼻梁连接的三角区，再往下过渡到鼻影，鼻影跟画眼影的晕染一样，边缘线一定要模糊（图4-7）。

（a）底妆　　　　　　　　　（b）眼部侧影

❧ 图4-7　男性妆容步骤

补充要点

妆容形象最终目的是要将设计想法通过所掌握的技术实施出来，达到最理想的视觉效果，在学习过程中实践操作的培养非常重要，并应贯彻学习的始终。必须通过严格的训练，使自己的观察能力、大脑设计能力与动手操作能力有机结合起来，通过眼、脑、手三方面和谐配合，将自己的创意实施，才能最终完成妆容形象设计。

课后练习

1.日常妆容的基础步骤分为几步？并画出相应的妆容步骤。

2.通过学习妆容分类，练习其中两种妆容。

3.尝试设计不同类型的妆容搭配。

第五章 05
艺术妆容形象设计

- 学习难度：五级

- 重点概念：艺术妆容分类、
  设计流程与步骤、
  艺术妆容特征

图 5-1 艺术妆容

学生练习主题
妆容

　　艺术妆容（图5-1），从化妆造型的角度来看，是相较于日常妆容而言的。从需求的角度来说，艺术妆容一般用于塑造特定的角色，作为表演的基础而存在。艺术妆容比日常妆容要夸张，有时会超越现实或者不符合正常逻辑。艺术妆容所用到的化妆工具及材料非常丰富，艺术形式也非常自由，需配合角色的设定，以更贴切地表达角色的特征为目的。学习艺术妆容，除了需要具备基本的专业知识与技巧以外，还需具备一定的洞察力，多累积生活素材，才能获得更多的创作空间。造型师必须具有敏锐的感受力，对造型对象的"角色"必须有深刻的理解，同时，还应有良好的艺术审美，具备创意思维和较强的协调能力，才能与各部门配合协作完成优秀的艺术化妆造型作品。依据艺术妆容的用途及角色需求的不同，分为以下几类：舞台表演妆容、影视艺术妆容、主持人妆容、时尚杂志妆容、特效妆容及老年妆容。

● 本章课程思政教学点：

教学内容	思政元素	育人成效
舞台表演妆容	文化自信	中国是世界上最古老的国家之一，戏曲是我国传统戏剧的一个独特称谓，是中国传统艺术之一，剧种繁多有趣，表演形式多种多样，有说有唱，有文有武，集"唱、做、念、打"于一体，在世界戏剧史上独树一帜。其主要特点，以集古典戏曲艺术大成的京剧为例，一是男扮女（越剧中则常见为女扮男）；二是划分生、旦、净、丑四大行当；三是有夸张性的化妆艺术——脸谱；四是"行头"（戏曲服装和道具）有基本固定的式样和规格；五是利用"程式"进行表演。通过本章让同学们掌握戏曲的程式化妆容，有助于树立正确的审美价值观
特效妆容	工匠精神、职业道德	中国戏剧超然灵活的时空形态是依靠表演艺术家创造的，一个戏曲演员甚至可以在没有任何布景、道具的情况下，凭借着他（她）描摹客观景物形象的细致动作，能使观众了解他（她）扮演的这个角色当时所处的周围环境。表演艺术家的职业道德精神在一场戏中能够淋漓尽致地展现出来，这是当代青年学生需要学习的精神和需要传承的美好品德
影视表演妆容	文化自信	中华优秀传统文化是社会主义核心价值观的营养源泉，是新形势下中华优秀传统文化的时代传承和发展。中国戏曲种类繁多，不同地方戏曲有不同妆容特征和服饰效果，区分传统的戏曲文化，有助于挖掘创作源泉，发扬传统文化特色

第一节　艺术妆容工具与设计流程

　　艺术妆容所需要的工具有的与日常妆容相同，有些是艺术妆容专用工具，更为夸张，化妆工具及材料品类更丰富。艺术妆容常用工具如下。

1.油彩

　　油彩一般是指专供影视及舞台演员化妆使用的油膏状彩色化妆品，由各种色料与油脂成分混合制备而成，其色调丰富明亮，色泽均匀一致，膏体细腻、稳定，具

图 5-2　油彩和化妆笔

图 5-3　上妆油

图 5-4　定妆粉

图 5-5　酒精胶

有优异的涂展性、遮盖力及附着性，通透性好，对皮肤安全、无刺激。在使用中还需要配合油彩专用的化妆笔（图5-2）。

2.上妆油

上妆油是在化妆前进行涂抹的油脂含量较高的护肤品（图5-3）。

3.定妆粉

定妆粉是在油彩绘制以后用于定妆的特定粉末，颗粒比一般日常妆容所用到的密粉、高光粉等更粗，吸附能力比较强（图5-4）。

4.酒精胶

酒精胶黏度高、性质稳定、抗污染、耐候性好、不损害皮肤，常用于粘贴胡子、假发及头带等造型道具（图5-5）。

5.整塑蜡

整塑蜡又名肤蜡、塑型蜡、刀伤蜡、刀疤蜡、受伤蜡、假伤蜡等，是用蜡类（蜂蜡、微晶类）、脂类（白油、凡士林）、松香、玉米淀粉、颜料等制成的软蜡状物质，因其质感、颜色等性能与人体皮肤相近故称之为肤蜡，常用于塑造局部的立体造型与效果（图5-6）。

6.卸妆油

油彩专用卸妆油，油脂成分较大，能清洁得更干净（图5-7）。

艺术妆容的设计流程相较于日常妆容来说，在内容形式和步骤上更为丰富与复杂。艺术妆容必须事先要明确妆容对象的职业性或其扮演的"角色"的背景等。具体来说可以分为以下几个步骤。

1.前期准备阶段

造型师需了解并分析"角色"背景，如所在剧组或表演中，对象"角色"所参与的故事、背景、地点及人物特点等。妆容造型师首先需要对"角色"进行分析，发挥自己的想象力及创造力，对人物形象创作先有一个初步的形象设定；能与整个团队的其他部门人员，比如导演、舞美、制作等讨论与沟通。例如服装是人物的定位，妆容造型师和服装师沟通的重要性可想而知；灯光和摄影在人物造型中有着相当重要的作用，光源的改变有时能让一个艺术妆容面目全非，因此，妆容造型师对摄影师和照明师的业务知识需要有一定了解，并需要和他们建立良好的沟通，这样才能在人物设计上符合整体形象要求，达到统一效果。

◎ 图5-6　整塑蜡

2.演员沟通阶段

演员是妆容与造型的物质载体，妆容造型在确定了基本的设计意向后，需要认识演员、了解演员，考虑如何才能根据演员的个体特征而修改原始设计，尽可能地

◎ 图5-7　卸妆油

拉近和减少演员与角色之间的距离和差异，可通过试妆、试镜等方法来最终确认妆容造型设计。

3.最后呈现阶段

最后是进行妆容与造型的实操阶段，在正式演出之前，造型师也可以配合其他部门进行多次的彩排与调整，以保证正式演出时的理想效果的呈现。

第二节　舞台表演妆容设计

舞台表演妆容是一种适合于舞台演出的化妆，是一种技术性要求较高的妆容技术，和一般的美容化妆不同。舞台表演妆容通过妆容手法把演员打扮成戏剧、歌剧等人物形象，也就是通过化妆的技巧，把舞台中的人物形象塑造出来，必须通过舞台妆容造型的手段才能表现出人物的外形特征。造型师只有根据人物的要求，才能使创作出来的人物形象达到准确、鲜明、生动、完美的地步。通过艺术妆容造型设计可以使演员或造型对象表达出不同的年龄、身份、性格、民族或种族、健康状况、生理状态、思想感情、风俗习惯、社会背景、时代特点等，因此，艺术妆容造型设计可以说是一门专门的艺术。舞台妆为了适应舞台灯光和观众的距离，必须用夸张人物形象的造型手法，才能使角色的性格更加突出，形象对比更加鲜明，五官更加清晰。同时，艺术妆容还要使演员的面部表情和内心活动能够明显地表达出来

（图5-8）。

　　舞台表演是演员创造舞台角色形象的表现，具体表现为演员亲自粉墨登场、现身说法、身体力行。表演妆容是角色的支撑，是塑造外在形象的重要手段。由于舞台的灯光效果，表演妆容一般更加浓烈。因为地域、文化传统的不同，部分表演一般会有固定的妆容规则。

　　舞台表演妆容艺术同其他艺术的最大不同是它更具有创意性，具有高度的可塑性及装饰性。现代影视表演妆容是从戏剧舞台妆容移植而来。舞台表演上的人物造型比影视剧中的人物造型更加夸张，因此，舞台表演的人物妆容也应该比影视剧中的人物妆容更加夸张。舞台表演妆容造型比影视妆容造型有更多的创作自由，舞台表演妆容是现场直接表现给观众的，没有更多的其他技术手段的处理空间，因此，技术手段的表现必须是真实可见的，不能露出虚假的痕迹。

　　舞台表演妆容分为两个部分，一是妆容造型

◎ 图5-8　戏曲花旦妆

设计，即针对剧中人物形象进行造型艺术创作；二是妆容的工艺技术，即用各种化妆手段和材料完成设计的造型（图5-9、图5-10）。

◎ 图5-9　戏剧妆

🔵 图5-10 舞台剧妆

一、舞台表演妆容特征

① 舞台表演妆容必须刻画角色的形象，使人物形象真实可信。

② 造型师必须依据演出的要求进行化妆，必须根据大、中、小型舞台的不同和演出类型（比如话剧、歌剧、晚会）的不同，才能塑造成舞台所要求的艺术形象。

③ 技巧在于造型师必须不断地深入生活、深入实践、熟悉各种各样的人物，熟悉专业知识和技能，才能逐步地达到一定的艺术境界，才能使舞台上出现的人物形象、特征，基本上与演出内容相符合。

④ 由于技术要求不同，舞台表演妆容造型所需要的主要用品除了普通彩妆用品以外，还有油彩、肤蜡、毛发等。

二、舞台表演妆容手法

1.绘画妆容法

绘画妆容法是指造型师利用画笔和油彩的明暗、冷暖和阴影线条，在演员原有面部的基础上，描绘成为舞台人物形象，有涂、画、勾、描等基本技巧（图5-11、图5-12）。

① 涂　涂底油、涂肤色粉底、涂腮红膏等，颜色形状，根据人物的要求、脸型而定。

② 画　画眼影、鼻侧影，画眉毛、嘴角、胡须等，要采用虚实、长短、粗细、深浅的绘画技巧。

图 5-11　舞台部落妆容　　　　　　　　　　图 5-12　表演妆容

③ 勾　勾画眼线及各种皱纹等，确切表现出形象的立体质感和主要特点。

④ 描　把经过用单色勾画的形象，用定妆粉固定后，需要重点地描绘修正、精雕细刻，才能使形象特点更鲜明，结构更精确，色调更统一，层次更清晰，能生动、真实、充分地表达出人物形象的形神特征，起到画龙点睛的作用。

2. 塑型妆容法

塑型妆容法是造型师利用各种塑型材料，如棉花、泡沫、乳胶等直接塑造和塑型的零件，用粘贴或牵引法等来充实绘画化妆法所表达不到的一种塑型人物形象的方法，用加强体积感的手法来改变演员的外貌特征，以达到塑造舞台艺术形象目的。

3. 毛发粘贴化妆法

毛发粘贴化妆法是造型师利用毛发的各种颜色和形状来塑造人物的形象的一种方法，以突出人物年龄、性格、改变演员本来面貌，使妆容更加真实、自然。

4. 特技化妆法

特技化妆法是在以上三种化妆方法综合使用之后，还达不到剧中人物要求时而采取的一种特殊手段来塑造舞台人物形象，如龅牙、伤疤等特技化妆法（图 5-13）。

图 5-13　伤疤特技化妆法

第三节 影视表演妆容设计

影视是电影艺术和电视艺术的统称，是现代科学技术与艺术相结合的产物，通过画面、声音、蒙太奇、故事情节等语言来传达与表现。影视类的作品拍摄、记录及呈现方式较为相似，妆容方面也大体类似。影视类人物造型与服装、道具等是难以分割的，妆面与整体形象要达到统一。电影和电视的呈现，在扩大了许多倍的屏幕上对妆面的要求是非常高的，任何一个小的细节都有可能穿帮。影视作品有纪录性质，可以反复播放。

影视妆容需要通过妆容与形象手段缩小演员与角色之间的距离，通过造型手段让演员所饰演的角色"活"起来，若是更加接近本色出演，那么化妆主要起到一定的修饰与美化作用；若是颠覆了演员的本来形象，需要进行更多的塑造，那就以满足角色需求为考虑重点。影视是诉诸视觉为主的视听艺术，屏幕的视觉效果，主要是由可见的人物造型、环境造型和摄影造型来完成的。化妆师、服装设计师和演员是人物造型的创造者，为营造形象美、画面美负有直接责任，是构成整部影视作品的审美价值的重要条件之一（图5-14～图5-18）。

❥ 图5-14 童话故事妆容

❥ 图5-15 儿童妆容

❥ 图5-16 印度妆容

◎ 图 5-17　细节局部妆　　　　　　　◎ 图 5-18　影视年代妆容

一、影视妆容艺术创作过程

1.准备阶段

造型师接受一部影片的造型任务时，首先是要阅读剧本，在阅读剧本时，即可开始进入创作过程。造型师反复阅读剧本以后，必须对剧本进行仔细的分析，分析剧本主题思想，事件发生的时代背景、社会环境、人物性格、人物之间的关系以及设想未来影片的形式风格等，并带着任务到故事发生的地点去体验生活、搜集材料。

2.创作阶段

造型师根据影视剧本的实际情况，绘制造型设计图，制作或申请购买备用的胡子、眉毛，并准备各种化妆材料，编制预算。演员确定之后，化妆师即进入艺术创作阶段，开始进行试装工作。试装有时要经过多次反复试验才能确定。当人物造型最后方案定下来以后，这一人物的所有配件务必保存好，注意连戏。

3.实践阶段

在拍摄阶段，造型师的工作除了保证拍摄顺利，还要继续为未试装的演员进行试装。拍摄时，妆容应保持形象的统一连贯，现场应随时准备修容。形象应保持连续是指在拍摄过程中整体形象不能随意改变，尤其是肖像妆容造型，每一部（集）都应保持准确，才能使整体形象完整。妆容的色彩不是完全不可改变的，现代影视的时空观念与以往不同，时空变化快，跳动大，面部的色彩是可以变化的。随着剧情的发展，人物心理活动的变化，造型师可能随时给予描绘。造型师也可以依据拍摄现场的实际情况即兴创作。

二、影视妆容艺术特征

① 改变演员外貌，表现人物的特点。不同的社会地位、经济条件、生活习惯，有不同的阶级形象烙印。由于演员所饰角色的社会环境而产生的不同心理，形成的不同性格，都能形成某种特质。

② 妆容体现人物的时代性。不同时代对美的标准不同，不同人眼中美的标准也不同，妆容应根据不同时代人物的外部特征，赋予人物形象以鲜明的时代性。不同历史时代人们的社会心理、意识、观念、审美情趣，以至精神状态都不尽相同，这一切都赋予角色的容貌以不同的时代性。

③ 妆容应着力刻画人物的性格。一个演员要演许多不同的人物，如果不同性格的人物只有一副面孔，就会减弱艺术魅力。造型师应该为演员设计各种不同的人物造型，以改变演员的面貌，使其更靠近角色。

④ 运用妆容的各种手段弥补演员脸形的缺点，也是妆容造型的特征之一。

⑤ 妆容能够起到渲染情绪和烘托气氛的作用。根据剧本的规定情境，人物处在特定的情景下，形象和心理状态的变化都可以借助化妆的细节描绘得到充分的表现。如疲倦的眼睛、劳累的面容、干裂的嘴唇、惊吓的冷汗、酒后的脸色、受伤的血迹、痛哭的眼泪、战火的硝痕、劳动的汗渍等细节。

⑥ 不同片种、影片的不同风格和样式，对妆容的形式也有不同要求，妆容艺术应根据不同的要求，采取不同的形式。如"戏曲片""歌舞片"的化妆，便要求不同程度的装饰性，色彩处理比较浓，形象描画比较写意，注重形式美。

第四节　主持人妆容设计

一般来说，主持人作为特定的职业，不同节目定位有不同妆容定位。这不仅仅是"个人形象"，也代表着整个节目的形象。比如娱乐节目主持人妆容与影视妆容区别不大，主要以突出节目主题、符合节目整体风格为标准，并且也需要符合主持人特性。而新闻类节目的主持人，以朴素、严肃为基本要求。我们大致可以将主持人类型分为以下几种："新闻型""记者型""综艺型"。

1.新闻型

新闻类节目主持人被称为"台标"，是电视台的立台之本。强调妆容的正面效果，妆容以严肃端庄、大方自然为美。由于摄像机镜头与电视接收器有一种消除空间感的特性，电视通常都是横向扫描，造成上镜后面部会容易变得平、宽，没有立体感之类的问题。那么在新闻型妆容上，要尽量通过阴影、高光等去打造立体感，塑造面部的美感；对于底妆的要求也较高，需要通过遮瑕等对皮肤的暗沉进行遮盖及提亮；眉形不宜过长过细，颜色不宜太深。女主持人的眼影及腮红可用橘色亚光，忌珠光，容易显得浮肿（图5-19）。

图5-19 新闻型造型

2.记者型

记者型的主持人大多工作地点在室外，一般这类节目以报道的真实性、即时性为依托，对于外景主持人的妆容与造型上没有过多的要求。整体的妆容重在自然，底妆需要提亮，因为室外的灯光一般来说没有室内打造的灯光充足和聚集。

3.综艺型

生活娱乐类型电视节目有的在演播厅进行拍摄，有的在室外进行拍摄。依据节目性质一般需要打造亲和力，有艺术感染力，符合整体节目的风格。生活娱乐类性的主持人妆容需依据具体的节目风格来设计，整体来说以突出主持人的气质与提升主持人的形象为目的（图5-20）。

◆ 图5-20 综艺型造型

第五节 时尚杂志妆容设计

时尚杂志主要以传达时尚信息为主，不同国家不同地域的时尚杂志风格都不尽相同，杂志的外观也不尽一样。时尚杂志的妆容需符合杂志的风格，并根据每一期或者每一个板块的主题而变化，应当考虑不同主题内容进行有创造性的设计。时尚杂志多以人物为封面或人物为内页广告等，人物妆容应突出模特特质，需对脸部的细节进行精致的处理，以提升模特的外形美感（图5-21、图5-22）。在颜色的处理上也非常多样化，有时也会借用一些道具。男模特的妆容在底妆的选择上偏深，应选择更接近自然肤色的粉底、遮瑕膏（霜）等，其他方面与女模特的妆容原则上基本没有区别。

◆ 图5-21 时装妆容

◈ 图 5-22　杂志造型

第六节　特效妆容设计

　　无论是舞台表演还是影视表演等，依据剧情或者主题的需要，特殊效果的妆容在剧情中占据一席位置，比如受伤效果、模仿妆容、老年妆容等。

1.创伤妆容

　　使用化妆胶水、肤蜡等堆砌成隆起等，再用粉底、遮瑕膏（霜）等与周围的皮肤进行融合，眼影层层叠加画出受伤处的淤青、创伤效果等（图5-23），用表演血浆做出流血效果。

2.模仿妆容

　　影视人物或历史人物等作为参考对象，用化妆方法对其进行模仿（图5-24）。

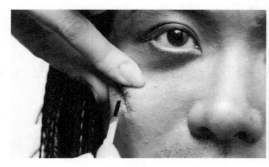

◈ 图 5-23　创伤妆容　　　　　　　◈ 图 5-24　小丑妆容

3.老年妆容

在影视剧或者舞台剧中，由于角色需要，需要将演员通过化妆的手法塑造成老年人。老年是人生的最后阶段，有着一生的生活经验，根据角色所处的时代背景和所表现的生活经历、职业、教育背景等，在外形和面部都有不同的体现。身体机能下降，脂肪减少，皮肤会出现松弛、下垂、粗糙、内陷等外在表现形式，皮肤也比较暗沉、发黄，有斑点，皱纹多，牙齿松动或掉落，头发呈灰、白或脱落、稀疏（图5-25）。

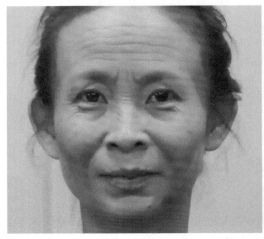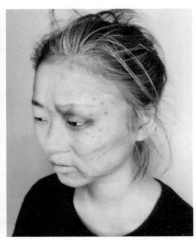

图 5-25　老年妆容（女）

4.画好老年妆的几个要点

① 粉底颜色选择深色且不用涂抹得很均匀，通过不同深浅的底妆来表现面部的凹陷感。

② 运用眼影及高光来塑造面部的凹凸、褶皱及斑点。

③ 皱纹的描绘较为复杂，分为最深的鼻唇沟、眉间纹、疲劳纹；次深的额纹、脸颊纹、嘴角纹；最细小的眼角纹、鼻根纹、嘴唇纹、小细纹。

④ 眉毛睫毛偏淡，颜色呈灰白，毛发稀疏。

⑤ 眼眶内陷，运用深色眼影进行加深。

⑥ 鼻部骨骼突出，嘴角呈下垂状态。

⑦ 可以加上少量灰白的假发或者用白色油彩加强头发的花白效果，也可以运用一些符合人物特征的道具来装饰，比如围巾、帽子、头巾等。

补充要点

妆容形象设计运用了多方面的知识和技术，而且是能对人物形象进行设计和创作的艺术，造型师需要具有较高的艺术审美、丰富的艺术想象力和较强的艺术创作能力，因此，在学习过程中应大量欣赏和浏览艺术作品，增强艺术鉴赏能力，同时大量观察生活、观察人，以培养敏锐的洞察力，以此为基础才能逐步建立培养创造性思维和艺术设计能力。

课后练习

1.造型师需具备哪些知识才能进行艺术妆容创作？

2.结合当今艺术妆容发展趋势，谈谈你对艺术妆容的看法。

3.课后查阅相关文献，简述不同影视剧的角色妆容要点。

第六章 06

形象设计的类型

学习难度：五级

重点概念：形象设计、
人物形象
设计要素、
搭配技巧
应用

● 章节导读

形象设计大多以人体色为基本特征，并考虑人的面部及身材、气质、社会角色等各方面综合因素，通过专业诊断工具，测试出色彩范围与风格类型，找到最合适的服饰色彩、染发色、彩妆色、服饰风格款式、搭配方式，并根据每个人的社会角色需求、职业发展方向和场合规则要素来建立和谐完美的个人形象。为了完成这一目标，形象设计师需要具备色彩、风格、整体搭配等专业技术，还需要掌握造型元素构造、心理学、营销学、沟通技巧以及相关的艺术修养等。从宏观上看，形象设计更应该是从人生战略起步，而不只是局限在技术的实现上（图6-1）。

图6-1 IP（Intellectual Property）形象

学生练习欧美妆容

● 本章课程思政教学点：

教学内容	思政元素	育人成效
个性形象设计	职业道德、家国情怀	艺术的最高境界就是让人动心，让人们的灵魂经受洗礼，让人们发现自然的美、生活的美、心灵的美，结合优秀的艺术家IP形象及作品，充分展示艺术家的知行合一的行为，强调统一性，有助于学生从中吸取家国情怀的精华
影视人物形象设计	创意思维	引导学生了解影视人物形象设计，利用新技术来进行影视作品创作，使人们更好地感知世界，从多角度融合传统文化特色，展示出当代人对影视人物形象的二次创造

第一节　个人形象设计

个人形象即社会公众对个体的整体印象和评价。形象是人的内在素质和外形表现的综合反映。"形象"一词，起源于1950年代的美国，在当时美国社会各阶层中，对于本身的信誉十分看重，尤其是工商企业界及政界人士纷纷有计划地塑造良好的个人形象。而"形象设计"这一概念则源自舞台美术，后来被时装表演界人士使用，用于时装表演前为模特设计发型、化妆、服饰的整体组合，随后发展成为特定消费者所做的相似性质的服务。由于个人形象设计不但有消费者构成市场需求，而且化妆美容用品以及服饰厂商都可以借用它作为促销手段，因此，在国际上发展迅速。在美国，个人形象设计已经是与商业紧密结合的产业，其设计形态已达到生活设计阶段，即以人为本，以创造新的生活方式和适应人的个性为目的，并对人的思想和行为作深入的研究。国内自20世纪80年代末以来，出现不少从事个人形象设计工作的人员。他们一般是由美容、美发、化妆、服装（饰品）设计等职业中分流出来的。这些人员逐渐从业余到专业，从擅长一门（或化妆或美发或服装或饰品）到注重整体，取得了长足的进步和社会的认同。我国的个人形象设计业和国外相比虽然起步较晚，但是随着人们对美的认识和要求不断增强，市场需求越来越大，个人形象设计职业也越来越受欢迎（图6-2）。

一、个人形象设计的目的

个人形象设计是为现实的工作和生活服务，更是为了未来长远的发展。因此，

图6-2　个人形象

它的内容包括外在形式，如服饰、化妆、发型等，也包括内在性格的外在表现，如
气质、举止、谈吐、生活习惯等。从这一高度出发的个人形象设计，绝非单纯的化
妆师或服装设计师的能力所能完成的。个人形象设计是通过对主体原有的不完善形
象进行改造或重新构建，来达到有利于主体表现的目的。虽然这种改造或重建工作
可以在较短的时间内完成，但是客观环境对于主体的新形象的确认则有一个较长的
过程，并非一朝一夕之事。真正的个人形象设计目的是为了用优质的外表展现个人
的完美内涵，因此更需要深入了解人类群体共性中的个性化元素（图6-3、图6-4）。

图6-3　配饰妆容　　　　　　　　　　　　图6-4　创意妆容

二、个人形象设计的作用

据心理学研究分析，人与人交往的头七秒钟就会形成第一印象，第一印象主要是根据对方的仪表和服装等整体形象形成的直观印象，这种初次获得的印象往往是今后交往的依据。在社会高速发展的今天，第一印象往往会决定是否有第二次见面的机会，越来越多的人希望以得体优雅的外在形象来表现自我深刻的内涵。个人形象设计这样一种新兴的职业因此随着社会发展的需要应运而生。

从职业性质角度分析，形象设计师与化妆师、美容师三者之间既有联系又有区别。其共同点都是以"人"作为其服务对象，以改变"人的外在形象"为最终目的。主要区别在于美容师的主要工作是对人的面部及身体皮肤进行美化，主要工作方式是护理、保养；化妆师的主要工作是对影视、演员和普通顾客的头面部等身体局部进行化妆，主要工作方式为局部造型、色彩设计；个人形象设计师的主要工作是按照一定的目的，对人物、化妆、发型、服饰、礼仪、体态语言及环境等众多因素进行整体组合，主要工作方式为综合设计。从社会历史发展过程分析，形象设计师与化妆师、美容师之间的关系为：人类对自身形象的美化，最早出现的是化妆，人们通过在人体上描绘、涂抹各种颜色的颜料及图案来达到一种特殊的视觉美感或其他的目的。随后，服饰、美发、美容（主要是指护理保养）、美甲等逐渐加入进来，使得与美化人体形象相关的社会职业分工越来越细化。形象设计师则是这一组合中的最高层次，是整个人体形象美化工程的先导环节，也可以说是各相关职业的整合（图6-5）。

◈ 图6-5 常见个人形象

三、个人形象设计的行业现状

美丽的形象离不开设计，人们对自我形象的关注度标志着一个国家和民族的经济实力及文明素养的发展水平。莎士比亚曾说过"即使我们沉默不语，我们的服饰与体态也会泄露我们过去的经历"。随着我国经济水平的稳步提升，人们参与的社会活动越来越丰富，而第一印象的形成往往是由视觉形象来完成的。如何用得体、悦目的形象来表达自身优秀的内在素养，是很多人都面临的问题。因而，市场在呼唤具有较高专业素质的人才来提升国人的整体形象。从我国妆容形象设计行业现状来看，目前我国妆容形象设计行业只有影视人物造型、舞台人物造型、电视节目主持人造型、杂志（期刊）人物造型等形象设计。而生活形象设计、职业人物形象设计领域还处于起步阶段。由于人们对个人形象个性设计的需求不断攀升以及人们对人物形象设计的个性化、多层次需求，使得个人形象设计已成为一种流行文化，被人们普遍认同和接受（图6-6、图6-7）。

◈ 图6-6　职场形象

◈ 图6-7　创意形象

第二节　个人形象设计要素

近年来，国外的形象设计体系逐渐进入国内，也使国内的个人形象设计行业有了新生机。个人形象设计作为一门新兴的综合艺术学科，正在走进我们的生活，无论是政界人物、商界领袖、演艺界明星，还是平民百姓都希望有一个良好的个人形象展示在公众面前。个人形象是指人的精神面貌、性格特征等内在特征的外在具体表现，能够引起他人的思想或感情活动，每个人都通过自己的形象让他人认识自己，而周围的人也会通过每个人的外在形象做出认可或不认可的判断。人物形象设计并不仅仅局限于适合个人特点的发型、妆容和服饰搭配，还包括内在性格的外在表现，如气质、举止、谈吐、生活习惯等。掌握了个人形象设计的要素，就等于掌握了形象设计的艺术原理，也就等于找到了开启形象设计大门的钥匙。个人形象设计的要素包括：体形要素、发型要素、化妆要素、服装款式要素、饰品配件要素、个性要素、心理要素、文化修养要素等。

一、体形要素

体形要素是个人形象设计中最重要的要素之一，良好的体形会给形象设计师施展才华留下广阔的空间。完美的体形固然要靠先天的遗传，但后天的塑造也是相当重要的，长期的健体护身、饮食合理、性情宽容豁达，将有利于长久地保持良好的形体。体形是外在形象很重要的因素，但不是唯一的因素，只有在其他诸要素都达到统一和谐的情况下，才能得到完美的形象。在做个人形象设计的时候，应注意服饰色彩与体形的搭配，色彩在实际应用时，还应注意膨胀与收缩的视觉感受。一般情况下，纯度高的颜色带给人膨胀的感觉，纯度低的颜色带给人收缩的感觉，明度高的颜色带给人膨胀的感觉，明度低的颜色带给人收缩的感觉。一般将个人体形分为以下几种类型（图6-8）。

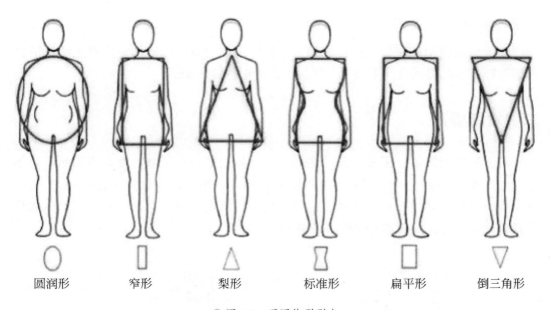

| 圆润形 | 窄形 | 梨形 | 标准形 | 扁平形 | 倒三角形 |

◈ 图6-8 不同体形形态

1.标准形特征

拥有平均身高，胸围和臀围相等，腰部大约比胸围小25厘米。成功的体形弥补方法所要达到的目的就是让身材看上去接近标准形的身材。色彩修正是较为容易的方法之一，在适合一个人的色彩群中，有膨胀色，也有收缩色，合理地使用会修正弱点或强调优点，达到完美的效果。

2.三角形特征

肩部窄，腰部粗，臀部大。弥补三角形身形的方法是胸部以上用浅淡或鲜艳的颜色，使视线忽略下半身，注意上半身和下半身的用色不宜对比强烈。

3.倒三角形特征

肩部宽，腰部细，臀部小。弥补倒三角形身形的方法是上半身色彩要简单，腰部周围可以用对比色，注意回避上半身用鲜艳的颜色或对比的颜色。

4.圆润形特征

肩部窄，腰部和臀部圆润。弥补圆润形身形的方法是领口部位用亮的鲜艳的颜色，身上的颜色要偏深，最好是一种颜色或渐变搭配，注意身上的颜色不宜过多或鲜艳。

5.窄形特征

整体骨架窄瘦，肩部、腰部、臀部尺寸相似。弥补窄形身形的方法是多使用明亮的或浅淡的颜色，可使用对比色搭配，注意不宜用深色、暗色。

6.扁平形特征

胸围与腰围相近，臀围正常或偏大，弥补扁平形身形的方法是用鲜艳明亮的丝巾或胸针装饰，将视线向上引导，注意不宜用深色装饰腰部。

二、发型要素

随着科学的发展，美发工具的更新，各种染发剂、定型液、发胶等工具层出不穷，为塑造千姿百态的发型式样提供了不同年龄、职业、头形和个性的造型要素，而发型的式样和风格又突出地体现出了人物的性格及精神面貌，另外发型的款式也能具有修饰脸形、扬长避短的作用（图6-9）。

图6-9 创意发型

三、化妆要素

　　化妆要素是最传统、简便的美容手段，化妆
用品的不断更新，使过去简单的化妆扩展到当今
的化妆保健，使化妆有了更多的内涵。"淡妆浓抹
总相宜"，从古至今人们都偏爱梳妆打扮，特别是
逢年过节，喜庆之日，更注重梳头和化妆，可见
化妆对展示自我的重要性。淡妆高雅、随意，彩
妆艳丽、浓重。施以不同的化妆，与服饰、发式
和谐统一，可以更好地展示自我、表现自我，化
妆在形象设计中起着画龙点睛的作用（图6-10）。

◈ 图6-10　妆容形象造型

四、饰品配件要素

　　饰品配件要素的种类很多，如头饰、颈饰、
臂饰、手饰、胸饰、腰饰、脚饰等，例如帽子、
鞋子、包袋等都是人们在穿着服装时最常用的。由于每一类饰品配件所选择的材质
和色泽的不同，设计出的造型也千姿百态，配饰能恰到好处地点缀服饰和人物的整
体造型。配饰能使灰暗变得亮丽，使平淡增添韵味，选择佩戴合适的配饰，能充分
体现人的穿着品位和艺术修养（图6-11）。

◈ 图6-11　配饰形象

五、服装款式要素

　　服装款式要素造型在个人形象中占据着很大的视觉空间，因此，也是个人形象设计中的重头戏。选择服装款式、比例、颜色、材质时，还要充分考虑视觉、触觉与人所产生的心理、生理反应。服装能体现年龄、职业、性格、时代、民族等特征，同时也能充分展示这些特征。一个形象设计师除了能熟练掌握美发美容工艺外，还要了解服装的款式造型设计原理及服装的美学和人体工程学的相关知识。当今社会人们对服装的要求已不仅是干净整洁，而是增加了审美的因素，因人而异，服装在造型上有A字形、V字形、直线形、曲线形；在比例上有上紧下松或下紧上松；在类型上有传统的含蓄典雅型、现代的外露奔放型。这些在个人形象设计中应运用得当、设计合理，将会使人的体形扬长避短（图6-12）。

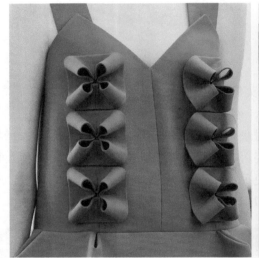

◈ 图6-12　服装细节造型

六、个性要素

　　在进行全方位个人形象设计时，要考虑一个重要的因素，即个性要素。回眸一瞥、开口一笑、站与坐、行与跑都会流露出人的特点。忽略人的气质、性情等个性条件，一味地追求穿着时髦，佩戴华贵，只会称之为乱搭。只有当"形"与"神"达到和谐时，才能创造出一个自然得体的新形象（图6-13）。

七、文化心理要素

　　人与社会、人与环境、人与人之间是相互联系的，在社交中，谈吐、举止与外

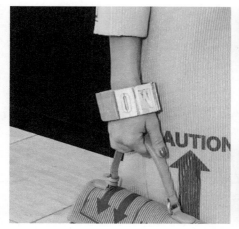

图6-13　个性配饰

在形象同等重要。良好的外在形象是建立在自身文化修养基础之上的,而人的个性及心理素质则要靠丰富的文化修养来调节。具备了一定的文化修养,才能使自身的形象更加丰满、完善。人的个性有着先天的遗传和后天的塑造,而心理要素完全取决于后天的培养和完善。高尚的品质、健康的心理、充分的自信,再加以服饰效果,是人们迈向事业成功的第一步。在形象设计中,如果将体形要素、服饰要素比喻为硬件的话,那么文化修养及心理素质则是软件。硬件可以借助形象设计师来塑造和变化,而软件则需靠自身的不断学习和修炼。"硬件"和"软件"合二为一时,才能达到形象设计的最佳效果(图6-14)。

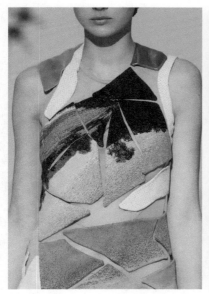

图6-14　个性服饰形象

第三节　个人形象搭配技巧

　　服饰不仅是视觉艺术，更是造型艺术。自然界的所有物体都有形的存在，这里的形指的是立体的形，那么人体和服装也不例外，发掘个人体形和服装外形内在的关联，打造属于自己的着装风格，在当今社会是人们对审美的需求之一。服饰被称为流动的雕塑，服饰体现着着装对个人体形的了解和对服装廓形的驾驭，下面分别从身体线条之形、着装搭配类型、着装搭配技巧三个方面阐述个人形象搭配技巧（图6-15）。

一、身体线条

　　1. 轮廓

　　轮廓是立体的空间构架，是构成图形或物体的外缘的线条，它是重要的美学要素，在服饰整体造型中，影响最深的就是我们经常说的服装轮廓和人体轮廓。人体的轮廓线分为正面轮廓线和侧面轮廓线，以米洛斯的《断臂维纳斯》为例（图6-16），这幅经典雕塑是女性曲线美的经典，有着完美的比例，丰富的曲线，还

图6-15　经典小黑裙　　　　　　　　图6-16　《断臂维纳斯》雕塑

有细腻的质感，都是爱与美的象征。米开朗基罗的《大卫》则是男性美的标志（图6-17）。轮廓在身体线条中又分为曲线形、直线形和二者之间的类型即中间形。需要注意的是，人们体形的曲直不会随着年龄或变胖或变瘦而改变，也不会因为有的人体形比较胖，我们就说他是曲线形，有的人体形比较瘦我们就说他是直线形的。曲线的划分是以骨骼来判断的，不是以胖瘦来判断的。在自然界里不存在绝对的曲直，人体的曲和直是相对的概念。除了用骨骼来判断曲直，人们还要结合身材所给人们带来的感受来判断曲直，比如是柔和的还是硬朗的，如果带给人们的感受是硬朗的、中性的、帅气的印象，那么这就是直线形的身材；如果有的身材带给人们的感受是柔和的、单薄的、秀气的，那么这就是曲线形的身材；介于两者之间难以区分的，那么我们就说是中间形身材。

❯ 图6-17　《大卫》雕塑

2. 量感

量感是指物体的轻重、大小、粗细、宽窄、厚薄、强弱等，这些指标构成的是一种综合的评价的视觉感受值，比如大气的、成熟的五官，给人的是大量感的印象，而小女生天真可爱的五官，给人的是小量感的印象。量感不一定完全取决于脸盘的大小，比如有的人脸盘很大，但是他给人以洋娃娃的感觉，这个时候量感就变小了。有的人脸盘不大，但是透露出一种成熟、大气的味道，那么他的量感就变大了（图6-18、图6-19）。

❯ 图6-18　量感大

3. 比例

比例无处不在。在服装搭配的时候，我们的上下身比例以及我们五官所处的位置都存在着比例的关系，身体的比例是指构成人体的头、躯干、上下肢体之间的比例配置。比如身体的比例，一般有两种方式来评价，第一种方式是下身长度除以上身长度，笔者做了一个金字塔的表（图6-20），相除结果越靠近1.618，身材的比例就显得越好；另一种

❯ 图6-19　量感小

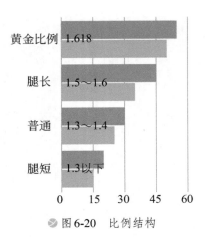

图6-20 比例结构

通俗的方法是九头身比例，九头身是以一个人站立时的垂直高度为身高，用身高除以头的长度，相除的结果越接近7和8之间，这个人的身材比例就越好。在服装搭配中和服装设计中也处处有比例的存在。例如同样一款裙子，由于色彩面积不同，色彩的配比关系会影响色彩的分割线位置的高低，如果色彩的分割线越往上，那么就会显得人越高，也就是说会显得人的身材的比例越好。很显然，色彩分割线越往上，显得人越高，比例越好，这是一种色彩的错视的效果而引起的视觉比例的变化。

二、着装搭配类型

1.配套式

配套式是服饰的基本搭配类型。最基本的配套式是指服装的搭配有明显的配套关系，多是采用相同的面料，例如我们的制服、职业装。全身相同的色彩，会使得穿着者呈现出整体整齐严谨的感觉。在款式上，上下装是配套关系，材质选用相同的材料、面料、辅料以及色彩，体现的是端庄、严谨、规范。配套式服饰搭配适合职场商务着装（图6-21）。

图6-21 同面料造型

2.松身式

松身式是相对于紧身式而言，是指服装比较宽松，衣服与人体之间有足够的余量和空间，能表现出一种古典与飘逸的感觉。在材料上，松身式服饰是轻薄的、悬垂的，还有的是有弹力的，这些材质特点都可以作为松身式服饰设计的主要材料要素；在款式上，松身式服饰做单件或者整套都是可以的；在风格上，松身式服饰体现优雅、浪漫、飘逸。松身式服饰适合如礼服、居家场合，还有一些适合高级时装的着装或展示（图6-22）。

> 图6-22　松身式造型

3.紧身式

紧身式是指服装紧贴于人体，服装和人体之间没有过多的空隙或完全没有空隙，主要是为了表现个人身体的优点，所以紧身式服饰基本上都是采用比较轻薄的、弹力比较好的面料，或是非常精巧的结构设计，在很多礼服里面会有这种设计。在材料上，紧身式服饰大多以有弹力的或者有一些特殊肌理的，比如以有褶皱的或者是蕾丝的、印花的面料为主；在风格上，紧身式服饰表现的是性感的、优雅的还有精致的感觉（图6-23）。

4.建筑式

建筑式是形象的词语。例如，现在非常流行的大一号的西装，几何形的裁剪、耸肩的设计、垫肩的工艺，实际上都是体现建筑式服饰这样的一个工艺。建筑式服装款式一定要简洁，甚至有点夸张奇特，所选的面料质地、光泽度，能给人一种神秘的、外来的、太空的感觉。建筑式服饰最明显的特点是外轮廓比较突出，在材料上要选择比较硬朗的、有一些中性感的面料，例如男士西服的面料或者是一些有涂层的面料。材料一定要有光泽、有硬度，适合做廓形。在风格上，是比较有未来感的、摩

◈ 图6-23　紧身式造型　　　　　　　◈ 图6-24　建筑式造型

登的、时尚的。建筑式服饰适合做一些特殊的、高级定制的时装，还可以做一些比较有个性风格的休闲装（图6-24）。

三、搭配技巧应用

1.长与短

服饰搭配的关键技巧，第一点就是注重长与短。长与短有三种形式：

第一种是上长下短，顾名思义就是上面的衣服过臀，整体的廓形偏大，大一号的尺寸，比如现在非常流行的大廓形的外套、西装、夹克，里面搭配短裙、短裤，或者连身裙、连身裤都是可以的。必须把握一个原则，就是选择服饰时一定要让衣服和人体之间有一定的空间感，不要紧紧地贴在身上。

第二种是上短下长，上短下长指的上身衣服和下身衣裤的比例显示为上短下长。相对而言，上面大概是三，下面是七，可以通过把衬衣束在长裤或者是长裙里，或者是里面穿连身裙，外面穿小外套，比如机车夹克、马甲、针织衫，这样的一种搭配方案，能营造出非常流行的复古风格。

第三种是上下等长这种搭配，要注意的就是配饰和色彩之间的均衡和呼应，比如上身的衬衣面积和下身裙子的面积均等的时候，对于身材来说，它是不容易显示出身材的比例的，可以通过提高视觉注目度，比如通过配饰的介入，这样能够提升视觉中心，但是围巾色彩上要贯穿上下身的所有颜色，达到你中有我、我中有你的视觉，既起到点缀作用，同时又减少了上身的色彩面积的比例；还可以通过腰带、腰封，破坏掉上身色彩的分割（图6-25、图6-26）。

2.宽与窄

宽与窄也有三种搭配方案。

第一种是上宽下窄的搭配方案，现在越来越多的欧美风特别喜欢这种风格，对

图6-25 图案比例造型　　　　图6-26 色彩比例造型　　　　图6-27 同宽比例造型

于胸部不太理想的女性来说，可以采取短一号的或短小的、较为宽松的上装，在视觉上起到一个优化上身不足、提高身高的这样的一个效果。

第二种是上窄下宽的搭配方案，很多身材都适用。

第三种是上下同宽，上身比较宽松、下身比较宽松的裙或裤，搭配在一起非常舒服，一般出现在家居服、运动服、睡衣装上，但是现在越来越多的成衣设计里也有这种搭配的方案。这种方案所营造出来的是偏自然风格的、偏哲学风格的、很有文化底蕴的服饰的效果，需要注意的是在它的材料上、配饰上一定要有点睛之笔，比如上面是宽大的针织衫、下面是宽大的长裙，再系一条非常有质感的围巾，这样我们的视觉就提升了；还有一点可以通过脖子上有特色的项链，腰部比较有特色的腰封来体现，这种腰封，比如镂空的皮革或者是带流苏的配饰，要和整个服装的整体的自然风格、哲学风格相吻合，一定要有特色，而且要有夸大、夸张的比例（图6-27）。

3.大与小

这里所指的大与小一般是指材质风格的大小。例如，雪纺和真丝的材料，给人的印象是流畅柔和的线条，整体视觉上是量感比较小的；皮革材料，皮革面料是比较硬朗的、有质感的且有光泽的，营造的风格就是有大风格的、有气场的；毛织物是粗糙的，有一定的厚度和质感，相对于雪纺真丝来说，它就是风格比较大的，但相对皮革来说，毛织物的量感就是适中的。因此在这三种面料里，对于营造个人风格方面，体现在着装选择材料的重要性上（图6-28）。

形是一切物体的造型基础，它是集平面形和立体形为一体的，在对自身形和服装形理解的基础上，找到两者之间的关联和切入点，我们就能创造出新的形，为完美的着装打造良好的基础。

图 6-28　同等大小比例造型

第四节　影视人物形象设计

在影视艺术创作过程中，人物形象的设计是最为重要和关键的组成内容，也是剧中人物形成鲜明个性化特点的重要因素之一，更是通过这种影视人物形象的设计来实现镜头语言的有效表达与传递。因此，成功的影视人物形象造型，一方面能改变和塑造演员在剧照中的形象，让其与剧中人物性格、剧情等尽可能贴合；另一方面，能通过这种形象设计让演员快速融入角色中，将影视作品的角色塑造和演绎更为艺术化和真实化。影视作品中的人物形象设计是不可或缺且极其关键的部分，通过这种形象设计可以提升影视作品在艺术与美的方面所追求的品质（图6-29）。

图 6-29　人物形象设计

一、影视人物形象的色彩设计

影视作品中，形象色彩的设计是基于色彩学的一个创作过程，根据人物特色来把握剧中各个人物在不同肤色、不同灯光下的具体设计。影视形象设计中的色彩与其他设计中的色彩有相同的作用和效果，即是功能和情感的融合表达。色彩的不同使人们对剧中各个人物产生不一样的色彩心理联想，更能使人联想到各种与人们生活贴近的实际经验。人们的色彩感受中，对色彩的冷暖感受最为突出。例如，人们对红色最为直观的联想即太阳、火辣、热烈，带给人活跃和兴奋感；而蓝色带给人的联想即是大海、冰冷、酷寒的感觉。随着人们生活水平的不断提升，人们对艺术尤其是时尚有了更多的关注和了解，这也使影视服饰的色彩所产生的艺术感染力和影响力更为广泛。一部成功的影视作品，其在人物形象色彩设计方面的有力表现，会带给观众不一样的观感效果（图6-30、图6-31）。例如，电影《花样年华》中重点对女主角多款旗袍的款式、色彩进行用心设计，带给人们非常浓烈而独特的记忆与印象，同时有力地凸显了剧中人物的个性特点以及情感变化的过程，影片中通过对色彩的拿捏和设计，让作品表现更具浪漫情怀和时代感。

◉ 图6-30 民国时期影视造型

◉ 图6-31 《良友》画报旗袍

二、影视人物造型设计的写实与写意

在影视作品中进行人物形象设计时，对造型的设计包括写实与写意。其中，写实是指造型的真实性，更注重对人物形象的还原再现，尤其是侧重对细节的描绘来让人物形象更为逼真，体现作品的真实性，而写意是指在造型意向上的相似性，注重形象上的相似设计。写实的造型设计通常是在正剧中出现，用来表现历史的真实感，但这种写实的形象不具备太突出的形式感和创新。影视剧中写意形象的设计比较普遍，通常更加重视以意写神，强化其感性效果，但对历史性的强调较弱。写实与写意两种风格，各有优势，所以在影视作品的人物造型设计中，应将两者结合起来，不仅要呈现出历史的真实性，还要具有形式美（图6-32、图6-33）。

◎图6-32　20世纪50年代西方影视造型　　　◎图6-33　20世纪50年代西方杂志造型

三、影视人物形象造型的设计

在我国古代绘画艺术领域，已有先贤有"应物象形""以形写神"的说法，这也充分反映出了"形"在影视作品造型艺术中的重要作用。在影视剧创作过程中，人物造型是非常重要的组成部分，包括服装造型和化妆造型两个方面。艺术实质上是来源于生活但同时又高于生活的一种表现形式，通常为了剧情需要，尤其是为了让剧本中的情节具有起伏跌宕的效果，需要对剧中人物进行相对夸张的刻画与设计，即刻画影视作品中那些"不一般的人物"（图6-34、图6-35）。例如，电影《十月围城》中的故事发生在清朝末年的香港，主要以孙中山为中心，影片中涉及的人物包括商人、武将、妇人、姑娘以及清末受西洋文化影响的一批知识分子，这些人物形象都需要根据时代背景和故事情节进行相应的人物造型设计，才能让故事情节更具生动性，并通过这些形象设计让人物更加饱满和形象化，带给观众最佳的视觉效果。

◎ 图 6-34　20世纪50年代国外电影造型　　◎ 图 6-35　20世纪40年代国内电影造型

四、影视人物形象的气质设计

在影视作品中，剧本的精髓在于对人物的准确刻画与塑造，这一方面需要演员对剧中所扮演角色进行准确把握；另一方面，需要服装、化妆的造型来凸显人物在剧中的个性和气质，而且观众会因为剧中人物形象而对这些人物产生喜爱或憎恶之情，这在很大程度上有利于影视作品的传播与发展。所以，影视作品中外在形象设计与人物内在气质气场有着密不可分的联系，因此，影视作品中在人物形象设计时，应将人物形象设计与气质设计结合起来，影视剧中的造型设计师应将剧中人物表现出来的多种气质通过造型设计有力呈现出来（图6-36）。

◎ 图 6-36　new look 造型

造型师在对影视作品中的人物形象进行设计的过程中，不仅要具备专业的服装设计理论知识，还要根据不同演员的形象包括体形、脸形、发型、肤色以及服饰线条等分析，对剧中人物进行丰富多维的形象塑造，使其符合影视作品人物性格、时代背景以及艺术表现的需要。

补充要点

创造鲜明的影视人物形象，要依靠演员的表情、举止、表演技巧来表现。演员离不开化妆师、服装师、造型师的帮助。通过服饰和妆容求得人物外在的形似，进而表达人物的内在属性，以求得神似。服装与妆容是人物造型的两个方面，妆容通过油彩、发型、装饰等刻画人物，服装则通过衣着的式样、色彩、材料等塑造形象。二者是统一的，都以人物所处的时代、地域及人物的职业、年龄和性格特征为依据，并结合演员的具体生理条件来设计和装扮。

课后练习

1.个人形象设计有哪些组成要素？
2.服饰搭配具有哪些表现手段？
3.设计一组不同年代的影视剧造型。

参考文献

[1] [美]伊丽莎白·赫洛克. 服装心理学[M]. 吕逸华, 译. 北京: 中国纺织出版社, 1986.

[2] 姜勇清. 化妆与造型[M]. 北京: 中国劳动社会保障出版社, 2014.

[3] 王一珉. 化妆基础人物形象设计[M]. 北京: 中国轻工业出版社, 2005.

[4] 杨秋华. 化妆设计[M]. 长沙: 湖南大学出版社, 2016.

[5] 韩雪菲. 基础化妆[M]. 北京: 化学工业出版社, 2019.

[6] 朱霖. 化妆基础进阶教程[M]. 北京: 中国轻工业出版社, 2019.